中文版Photoshop电商美工设计
从入门到实战（全程视频版）
（下册）

169集视频讲解+102个实例案例+素材源文件+手机扫码看视频

☑ 配色宝典 ☑ 构图宝典 ☑ 创意宝典 ☑ 商业设计宝典 ☑ Illustrator 基础 ☑ CorelDRAW 基础

☑ 各类实用设计素材 ☑ PPT 课件 ☑ 素材资源库 ☑ 工具速查 ☑ 快捷键速查

瞿颖健　编著

中国水利水电出版社

www.waterpub.com.cn

·北京·

内 容 提 要

《中文版Photoshop电商美工设计从入门到实战（全程视频版）（全两册）》以基础知识和案例实战的形式系统讲述了Photoshop的必备知识和抠图、修图、调色、合成、特效等核心技术，以及Photoshop在电商美工设计领域中的实战应用。

全书共13章，分上、下两册。上册共8章，是Photoshop的基础知识和核心功能应用部分，主要内容包括电商美工基础知识、Photoshop初级操作、绘图、文字与排版、商品图像的基本处理、商品图像的抠图与创意合成、商品照片调色与特效、网页切片与输出等；下册共5章，主要以案例的形式介绍了Photoshop在商品图像精修、商品主图设计、店铺广告设计、详情页设计、店铺首页设计中的具体应用，对电商美工设计知识以及Photoshop功能应用进行了综合演练，从而提高实战水平。

本书适合使用Photoshop进行电商美工设计的初学者学习使用，也适合相关培训机构作为培训教材使用，还可供所有Photoshop爱好者学习和参考。本书使用Photoshop 2022版本进行编写，Photoshop 2021、Photoshop 2020、Photoshop CC 等较低版本的读者也可参考使用。

图书在版编目（CIP）数据

中文版 Photoshop 电商美工设计从入门到实战：
全程视频版：全两册 / 瞿颖健编著 . —北京：中国水
利水电出版社，2023.8
ISBN 978-7-5226-1268-3

Ⅰ.①中… Ⅱ.①瞿… Ⅲ.①图像处理软件 Ⅳ.
① TP391.413

中国国家版本馆 CIP 数据核字 (2023) 第 026078 号

书　　名	中文版Photoshop电商美工设计从入门到实战（全程视频版）（下册） ZHONGWENBAN Photoshop DIANSHANG MEIGONG SHEJI CONG RUMEN DAO SHIZHAN	
作　　者	瞿颖健　编著	
出版发行	中国水利水电出版社 （北京市海淀区玉渊潭南路1号D座 100038） 网址：www.waterpub.com.cn E-mail: zhiboshangshu@163.com 电话：（010）62572966-2205/2266/2201（营销中心）	
经　　售	北京科水图书销售有限公司 电话：（010）68545874、63202643 全国各地新华书店和相关出版物销售网点	
排　　版	北京智博尚书文化传媒有限公司	
印　　刷	北京富博印刷有限公司	
规　　格	190mm×235mm　16开本　29.5印张（总）　620千字（总）　2插页	
版　　次	2023年8月第1版　2023年8月第1次印刷	
印　　数	0001—5000册	
总 定 价	118.00元（全两册）	

▲ 图文结合的化妆品主图

▲ 唯美风格女包主图

▲ 无模特服装展示图

▲ 冰爽感旅行产品广告

▲ 服装促销电商广告

▲ 红色系化妆品广告

▲ 运动产品宣传广告

▲ 度假风店铺首页广告

▲ 网店活动通栏广告

▲ 促销活动主图

▲ 光效运动鞋主图

▲ 炫酷风格耳机主图

▲ 护肤品精修

▲ 简洁化妆品主图

▲ 口红精修 - 淡色背景

▲ 双色食品主图

▲ 饮料产品图像处理

五大实力功效
全天持久在线

1.隔离
隔离灰尘 污染

2.提亮
均匀肤色 提亮暗沉

3.轻薄
清透质地 水润易推开

4.防晒
SPF26 PA++
有效抵御紫外线

5.遮瑕
隐藏皮肤瑕疵

— 使用妆效 —

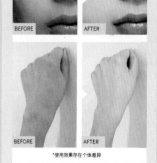

BEFORE　AFTER

BEFORE　AFTER

*使用效果存在个体差异

PRODUCT INFO
产品信息

— 植物精华成分 —
"养+护"新理念，"隔"出好肌肤

山茶花精华　玫瑰花精华　迷迭香精华　百合精华

— 使用教程 —

STEP1　STEP2　STEP3

▲ 暗调咖啡店铺首页　　　　▲ 暗调运动鞋详情页

▲ 女鞋精修

前言
Preface

随着电商行业的发展，网购成为人们重要的购物方式之一。由于行业需求量的迅猛增长，电商美工设计逐渐成为近年来的热门职业之一。在电商美工设计工作中，Photoshop是必不可少的工具。Photoshop作为Adobe公司研发的使用最广泛的设计制图和图像处理软件，在电商美工设计中的应用也非常广泛。无论是商品图像精修、商品主图设计、电商平台广告制作，还是商品详情页设计和店铺首页设计，都少不了它的身影。

本书显著特色

1. 配备大量视频讲解，手把手教您学

本书配备了大量的教学视频，涵盖全书几乎所有实例和常用重要知识点，如同老师在身边手把手教您，让学习更轻松、更高效。

2. 扫描二维码，随时随地看视频

本书在重点、难点、案例等多处设置了二维码，手机扫一扫，可以随时随地看视频（若手机不能播放，可下载后在计算机上观看）。

3. 内容全面，注重学习规律

本书涵盖Photoshop 2022在电商设计制图领域中常用的功能。同时采用"知识点+理论实践+操作实战+综合案例实战+技巧提示"的编写模式，也符合轻松易学的学习规律。

4. 实例丰富，强化动手能力

步骤式的理论学习便于读者动手操作，在模仿中学习。练习实例用来加深印象，熟悉实战流程。大型商业案例则可以为将来的设计工作奠定基础。

5. 案例效果精美，注重审美熏陶

Photoshop只是工具，要想设计好的作品，一定要有美的意识。本书案例效果精美，目的是加强读者对美感的熏陶和培养。

6. 配套资源完善，便于深度和广度拓展

除了提供几乎覆盖全书实例的配套视频和素材源文件外，本书还根据设计师必学的内容赠送了大量教学与练习资源。

7. 专业作者心血之作，经验技巧尽在其中

作者是艺术专业高校教师、中国软件行业协会专家委员、Adobe 创意大学专家委员会委

员、Corel中国专家委员会成员。作者的设计和教学经验丰富，编写本书时，运用了大量的经验技巧，可以提高读者的学习效率，让读者少走弯路。

8. 提供在线服务，随时随地交流学习

提供公众号、QQ群等在线互动、答疑、资源下载等服务。

关于学习资源及下载方法

1. 本书学习资源

（1）本书配套学习资源如下：

全书实例的配套视频、素材源文件。

（2）赠送软件学习资源如下：

赠送《配色宝典》《构图宝典》《创意宝典》《商业设计宝典》《色彩速查宝典》《行业色彩应用宝典》《Illustrator 基础》《CorelDRAW 基础》等电子书。

赠送Photoshop基础教学PPT课件、各类实用设计素材、素材资源库、工具速查、快捷键速查、常用颜色色谱表等资料。

2. 本书资源下载

（1）关注微信公众号（设计指北），然后输入PSDS12683，并发送到公众号后台，即可获取本书资源的下载链接，然后将此链接复制到计算机浏览器的地址栏中，根据提示下载即可。

（2）加入本书QQ学习交流群：691613857（请注意加群时的提示，并根据提示加群），可在线交流学习。

3. Photoshop软件获取方式

本书依据Photoshop 2022版本编写，建议读者安装Photoshop 2022版本进行学习和练习。读者可以通过如下方式获取Photoshop 简体中文版。

（1）登录Adobe官方网站http://www.adobe.com/cn/下载试用版或购买正版软件。

（2）可到网上咨询、搜索购买方式。

说明：为了方便读者学习，本书提供了大量的素材资源供读者下载，这些资源仅限于读者个人学习使用，不可用于其他任何商业用途。否则，由此带来的一切后果由读者个人承担。

关于作者

本书由瞿颖健编写，参与本书编写和资料整理的还有曹茂鹏、瞿玉珍、董辅川、王萍、杨力、瞿学严、杨宗香、曹元钢、张玉华、李芳、孙晓军、张吉太、唐玉明、朱于凤等人。部分插图素材购买于摄图网，在此一并表示感谢。

编 者

目 录
Contents

第9章　商品图像精修 ……………… 289

　　📹 视频讲解：74分钟

9.1　项目实例：饮料产品图像处理 ……… 290

9.2　项目实例：无模特服装展示图 ……… 292
　　9.2.1　服装抠图与美化 ………… 292
　　9.2.2　制作不同颜色的服装 ……… 296

9.3　项目实例：口红精修 ……………… 297
　　9.3.1　商品美化 ……………… 297
　　9.3.2　制作多款商品展示效果 …… 301

9.4　项目实例：玻璃制品精修 ………… 302
　　9.4.1　美化瓶身部分 …………… 302
　　9.4.2　美化瓶盖部分 …………… 306

9.5　项目实例：护肤品精修 …………… 309
　　9.5.1　调整瓶身质感 …………… 309
　　9.5.2　制作瓶身上的文字 ……… 314
　　9.5.3　美化瓶盖部分 …………… 314
　　9.5.4　制作商品展示效果 ……… 316

9.6　项目实例：女鞋精修 ……………… 317
　　9.6.1　商品抠图 ……………… 317
　　9.6.2　美化鞋底 ……………… 318
　　9.6.3　修复鞋面 ……………… 320
　　9.6.4　调整鞋色 ……………… 323
　　9.6.5　制作女鞋展示效果 ……… 325

第10章　商品主图设计 …………… 328

　　📹 视频讲解：56分钟

10.1　商品主图的构成 ……………… 329
　　10.1.1　商品主图的构成 ……… 329
　　10.1.2　商品主图的设计技巧 …… 329

10.1.3　商品主图的常见构图方式 …… 330

10.2　项目实例：简洁化妆品主图 …… 331
　　10.2.1　创意解析 …………… 331
　　10.2.2　制作背景和商品 ……… 331
　　10.2.3　添加广告文字 ……… 332

10.3　项目实例：图文结合的化妆品主图 … 333
　　10.3.1　创意解析 …………… 333
　　10.3.2　制作商品部分 ……… 333
　　10.3.3　添加商品信息 ……… 334

10.4　项目实例：唯美风格女包主图 … 336
　　10.4.1　创意解析 …………… 336
　　10.4.2　制作双色背景 ……… 337
　　10.4.3　添加文字及商品 ……… 337

10.5　项目实例：女装服饰促销主图 … 339
　　10.5.1　创意解析 …………… 340
　　10.5.2　制作几何感背景 ……… 340
　　10.5.3　添加主体内容 ……… 341

10.6　项目实例：炫酷风格耳机主图 … 343
　　10.6.1　创意解析 …………… 344
　　10.6.2　制作背景与商品 ……… 344
　　10.6.3　制作宣传文字 ……… 346

10.7　项目实例：双色食品主图 ……… 349
　　10.7.1　创意解析 …………… 350
　　10.7.2　美化商品 …………… 350
　　10.7.3　添加商品信息文字 …… 351

10.8　项目实例：光效运动鞋主图 …… 354
　　10.8.1　创意解析 …………… 354
　　10.8.2　制作带有光效的商品 … 354
　　10.8.3　使用文字及图形装饰版面 … 356

10.9　项目实例：促销活动主图 ……… 357
　　10.9.1　创意解析 …………… 357
　　10.9.2　制作主图背景 ……… 357
　　10.9.3　制作艺术字 ……… 359

第11章　店铺广告设计 …………… 363

　　📹 视频讲解：34分钟

11.1　常见的店铺广告构图方式 ……… 364
　　11.1.1　黄金分割式构图 ……… 364
　　11.1.2　三栏分布构图 ……… 364
　　11.1.3　垂直构图 …………… 364
　　11.1.4　居中式构图 ……… 364
　　11.1.5　满版式构图 ……… 364
　　11.1.6　包围式构图 ……… 364

目 录

11.2 项目实例：网店活动通栏广告 ·············· 365
11.2.1　创意解析 ································· 365
11.2.2　制作广告背景 ························· 365
11.2.3　制作广告文字 ························· 366

11.3 项目实例：服装促销电商广告 ·············· 368
11.3.1　创意解析 ································· 368
11.3.2　制作画面背景 ························· 369
11.3.3　制作广告文字 ························· 370

11.4 项目实例：度假风店铺首页广告 ·········· 373
11.4.1　创意解析 ································· 373
11.4.2　制作广告背景 ························· 373
11.4.3　制作主体文字及装饰 ··············· 374

11.5 项目实例：红色系化妆品广告 ·············· 377
11.5.1　创意解析 ································· 377
11.5.2　制作碎片感背景 ····················· 378
11.5.3　添加商品及广告语 ················· 382

11.6 项目实例：冰爽感旅行产品广告 ·········· 383
11.6.1　创意解析 ································· 383
11.6.2　制作背景部分 ························· 383
11.6.3　制作广告文字 ························· 384

11.7 项目实例：运动产品宣传广告 ·············· 386
11.7.1　创意解析 ································· 386
11.7.2　制作广告中的图形部分 ············· 386
11.7.3　制作广告中的文字元素 ············· 387

第12章　详情页设计 ·············· 391

📹 视频讲解：54分钟

12.1 详情页的构成 ································ 392
12.1.1　商品详情页的构成 ················· 392
12.1.2　商品详情页的内容安排 ············· 393

12.2 项目实例：多彩水果详情页 ················ 394
12.2.1　创意解析 ································· 394
12.2.2　首屏海报 ································· 394
12.2.3　产品信息 ································· 398
12.2.4　产品展示 ································· 404
12.2.5　售后保障 ································· 405

12.3 项目实例：清新化妆品详情页 ·············· 405
12.3.1　创意解析 ································· 406
12.3.2　首屏海报 ································· 406
12.3.3　产品信息 ································· 409
12.3.4　成分与功效 ····························· 413
12.3.5　产品使用方法 ························· 415

12.4 项目实例：暗调运动鞋详情页 ·············· 417
12.4.1　创意解析 ································· 418
12.4.2　产品基本信息 ························· 418
12.4.3　产品细节展示 ························· 420
12.4.4　产品颜色展示 ························· 421
12.4.5　产品尺码信息 ························· 424

第13章　店铺首页设计 ·············· 426

📹 视频讲解：34分钟

13.1 店铺首页的构成 ····························· 427
13.1.1　店铺首页的作用 ····················· 427
13.1.2　店铺首页的构成 ····················· 427
13.1.3　常见的店铺首页布局 ··············· 428

13.2 项目实例：摩登感女装店铺首页 ·········· 430
13.2.1　创意解析 ································· 430
13.2.2　店招与导航 ····························· 430
13.2.3　通栏广告与优惠券 ················· 432
13.2.4　品类入口与产品列表 ··············· 433
13.2.5　品牌信息及底栏 ····················· 437

13.3 项目实例：童话感产品专题页 ·············· 438
13.3.1　创意解析 ································· 438
13.3.2　制作页面背景 ························· 439
13.3.3　顶部标题 ································· 441
13.3.4　产品展示 ································· 442

13.4 项目实例：暗调咖啡店铺首页 ·············· 444
13.4.1　创意解析 ································· 444
13.4.2　店招与导航 ····························· 445
13.4.3　通栏广告 ································· 447
13.4.4　产品模块 ································· 450
13.4.5　品牌信息 ································· 455

Chapter
09
第 9 章

扫一扫，看视频

商品图像精修

本章内容简介：

    通常来说，人们总是对干净的、美丽的、华丽的、精致的东西感兴趣。商品图像精修，顾名思义，就是通过 Photoshop 对商品图像精细地修饰与美化。一张精致的商品图像，往往比未经修饰的商品图像更能刺激消费者的购买欲望。商品图像后期处理人员需要像化妆师一样修复商品的缺陷，并且在商品原有形态的基础上，最大限度地突显商品特色和优势，从而刺激消费者的购买欲望。

9.1 项目实例：饮料产品图像处理

扫一扫，看视频

文件路径	资源包\第9章\项目实例：饮料产品图像处理
难易指数	★★★★★
技术掌握	修补工具、污点修复画笔工具、"曲线"调整图层

案例效果

案例效果如图9-1所示。

图9-1

操作步骤

步骤 01 将商品素材打开，如图9-2所示。

图9-2

步骤 02 去除商品左右两侧的杂物。单击选择工具箱中的"修补工具"，然后在杂物处按住鼠标左键拖动绘

制选区，如图9-3所示。接着在选项栏中设置"修补"为"内容识别"，然后将光标移动至选区内，向右拖动，如图9-4所示。

图9-3

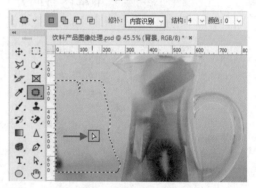

图9-4

步骤 03 释放鼠标后可以看到修补效果，如图9-5所示。使用相同的方法去除画面右侧的杂物，如图9-6所示。

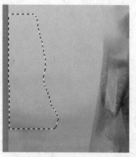

图9-5

图9-6

步骤 04 此时环境中的杂物已被去除，但是由于商品属于玻璃制品，受环境的影响，商品上会有反射杂点，去除这些杂点能让玻璃制品看上去更通透、更干净，如图9-7所示。

图 9-7

步骤 05 选择工具箱中的"污点修复画笔工具"，在选项栏中设置合适的笔尖大小，设置"类型"为"内容识别"，然后在杂点的上方按住鼠标左键拖动，如图 9-8 所示。释放鼠标后查看修复效果，如图 9-9 所示。

步骤 06 使用相同的方法去除商品上的杂点，效果如图 9-10 所示。

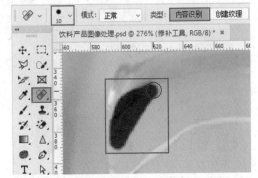

图 9-8

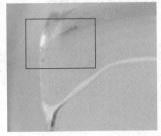

图 9-9

图 9-10

步骤 07 提高画面亮度。执行"图层"→"新建调整图层"→"曲线"命令，在曲线的中间调位置单击添加控制点，然后向左上方拖动提高画面整体的亮度。然后将阴影的控制点向右拖动，增强画面明暗对比，曲线形状如图 9-11 所示。此时画面效果如图 9-12 所示。

图 9-11

图 9-12

步骤 08 画面整体亮度提高后，商品中间位置颜色偏暗。再次新建一个"曲线"调整图层，然后在曲线的中间调位置单击添加控制点并向左上方拖动，曲线形状如图 9-13 所示。此时画面效果如图 9-14 所示。

步骤 09 单击选中"曲线"调整图层的图层蒙版，将其填充为黑色，隐藏调色效果。接着将前景色设置为白色，选择工具箱中的"画笔工具"，选择一个柔边圆画笔，设置合适的笔尖大小，适当调整"不透明度"，然后在颜色偏暗的位置涂抹，显示调色效果，如图 9-15 所示。图层蒙版中的黑白效果如图 9-16 所示。

图 9-13

图 9-14

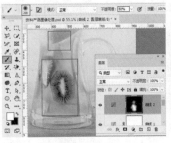

图 9-15

图 9-16

步骤 (10) 提高画面底部的亮度。再次新建"曲线"调整图层，然后在曲线的中间调位置单击添加控制点并向左上方拖动，如图 9-17 所示。此时画面效果如图 9-18 所示。

图 9-17

图 9-18

步骤 (11) 单击选中"曲线"调整图层的图层蒙版，将前景色设置为黑色，使用柔边圆画笔在画面顶部涂抹，隐藏上半部分的调色效果，此时图层蒙版的黑白效果如图 9-19 所示。最终画面效果如图 9-20 所示。

图 9-19

图 9-20

9.2 项目实例：无模特服装展示图

文件路径	资源包 \ 第 9 章 \ 项目实例：无模特服装展示图
难易指数	★★★★★
技术掌握	钢笔工具、曲线、自然饱和度、Camera Raw

案例效果

案例效果如图 9-21 所示。

图 9-21

9.2.1 服装抠图与美化

扫一扫，看视频

（1）将素材打开，如图 9-22 所示。单击选择工具箱中的"钢笔工具"，在选项栏中设置绘制模式为"路径"，然后沿着服装边缘绘制路径，如图 9-23 所示。

图 9-22   图 9-23

（2）使用快捷键 Ctrl+Enter 将路径转换为选区，接着使用快捷键 Ctrl+J 将选区中的像素复制到独立图层，然后将原图层隐藏，只显示刚刚抠完的衣服图层，如图 9-24 所示。

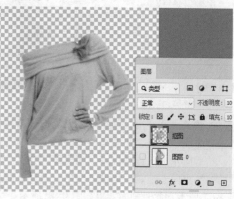

图 9-24

（3）为该图层添加图层蒙版，将前景色设置为黑色，选择"画笔工具"，设置合适的笔尖大小，然后在头发位置涂抹，隐藏头发部分，如图9-25所示。

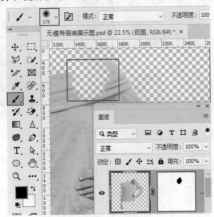

图9-25

（4）将手部隐藏，这里采用复制并覆盖的方法。选择衣服图层，使用"套索工具"在附近绘制选区，如图9-26所示。接着使用快捷键Ctrl+J将选区内的部分复制到独立图层，然后向上移动，如图9-27所示。

（5）为该图层添加图层蒙版，然后将前景色设置为黑色，选中图层蒙版，使用柔边圆画笔在边缘涂抹，将生硬的边缘融入衣服，如图9-28所示。

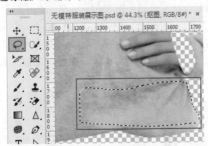

图9-26

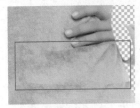

图9-27　　　　　　图9-28

（6）使用相同的方法再次复制部分内容，并覆盖住手部，如图9-29所示。然后为此图层添加图层蒙版，将图层融合到画面中，如图9-30所示。

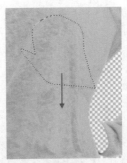
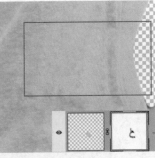

图9-29　　　　　　图9-30

（7）将头发位置缺失的部分补全。先使用"套索工具"在左侧肩膀位置绘制选区，如图9-31所示。使用快捷键Ctrl+J将选区中的像素复制到独立图层，接着向右拖动，使用"自由变换"快捷键Ctrl+T，右击执行"水平翻转"命令，然后适当地进行旋转，如图9-32所示。

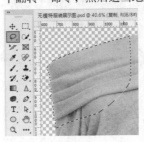

图9-31　　　　　　图9-32

（8）在定界框上右击执行"变形"命令，在选项栏中设置"网格"为3×3，然后拖动控制点将复制的衣领进行变形，使之与原始的衣领细节匹配，如图9-33所示。变形完成后按Enter键确定变形操作。然后为该图层添加图层蒙版，选中图层蒙版，使用黑色柔边圆画笔在生硬的边缘处涂抹，使之产生融合，效果如图9-34所示。

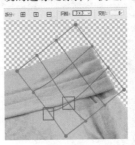

图9-33　　　　　　图9-34

（9）处理袖口处。使用相同的方法在衣服上方复制局部，移动到袖口位置，如图9-35所示。此时复制出来的区域颜色偏亮，需要压暗。新建"曲线"调整图层，调整曲线形态，并单击▣按钮，如图9-36所示，使新复制出的袖口明度降低，如图9-37所示。

（10）加选组成衣服的所有图层，然后使用快捷键 Ctrl+G 进行编组，如图 9-38 所示。

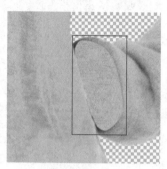

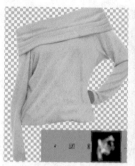
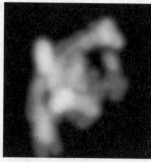

图 9-35　　　　　　　图 9-36

图 9-40　　　　　　　图 9-41

（13）此时衣服褶皱过多，显得比较凌乱，如图 9-42 所示。先在"图层"面板中选中最顶部的图层，使用快捷键 Ctrl+Shift+Alt+E 进行盖印。

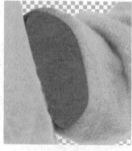

图 9-37　　　　　　　图 9-38

（11）提亮衣服局部的亮度。新建"曲线"调整图层，在曲线的中间调位置单击添加控制点并向左上方拖动，提高衣服的亮度，然后单击 按钮，使调色效果只针对下方的图层组，如图 9-39 所示。

图 9-42

（14）选择工具箱中的"污点修复画笔工具"，设置合适的笔尖大小，"类型"为"内容识别"，然后在褶皱处按住鼠标左键拖动，如图 9-43 所示。释放鼠标后即可看到修复效果。继续使用该工具去除多余的褶皱，如图 9-44 所示。

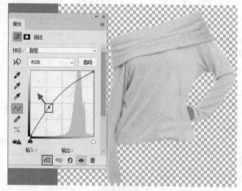

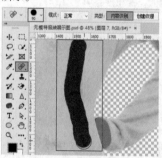

图 9-39

（12）选中"曲线"调整图层的蒙版，将其填充为黑色，隐藏调色效果。然后将前景色设置为白色，使用柔边圆画笔，适当调整"不透明度"和"流量"，然后在衣服上方涂抹，隐藏调色效果，如图 9-40 所示。图层蒙版中的黑白关系如图 9-41 所示。

图 9-43　　　　　　　图 9-44

（15）调整衣服的形态。图 9-45 所示为需要修改的位置。选择衣服图层，执行"滤镜"→"液化"命令，在弹出的"液化"对话框中选择"向前变形工具"，将笔尖调大一些，然后对袖子和底部进行变形，如图 9-46 所示。液化完成后单击"确定"按钮，效果如图 9-47 所示。

图 9-45

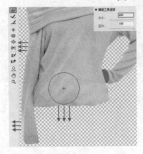

图 9-46

图 9-47

（16）此时衣服的材质比较粗糙，通过 Camera Raw 滤镜将衣服的材质调整得更加细腻、柔和。执行"滤镜"→Camera Raw 命令，在弹出的对话框中单击"基本"按钮，然后向左拖动"清晰度"滑块，降低清晰度数值，设置参数为 -40。接着向左拖动"去除薄雾"滑块，设置数值为 -5，如图 9-48 所示。展开"细节"选项，设置"锐化"为 60，"半径"为 3，"细节"为 50，如图 9-49 所示，设置完后单击"确定"按钮提交操作即可。

图 9-48

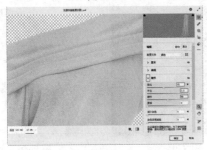

图 9-49

（17）提高衣服的明暗对比。选择"图层"面板中最顶部的图层，使用快捷键 Ctrl+Shift+Alt+E 进行盖印。设置该图层的"混合模式"为"颜色加深"，"不透明度"为 60%，如图 9-50 所示。此时画面效果如图 9-51 所示。

图 9-50

图 9-51

（18）提高衣服中间位置和袖子的亮度。载入衣服的选区，新建一个"曲线"调整图层，然后在曲线的中间调位置添加控制点并向左上方拖动，提高衣服的亮度，如图 9-52 所示。单击选择"曲线"调整图层的图层蒙版，将前景色设置为黑色，使用"画笔工具"在过亮的区域涂抹，隐藏调色效果，如图 9-53 所示。图层蒙版中的黑白关系如图 9-54 所示。

（19）米色衣服制作完成，加选组成该服装的所有图层，然后使用快捷键 Ctrl+G 将图层进行编组，如图 9-55 所示。

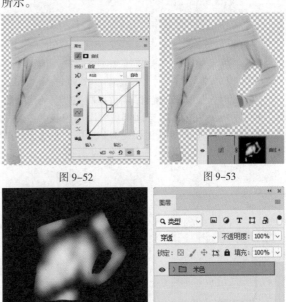

图 9-52

图 9-53

图 9-54

图 9-55

9.2.2 制作不同颜色的服装

（1）选中图层组，使用快捷键 Ctrl+Alt+E 进行盖印，如图 9-56 所示。

图 9-56

（2）新建"自然饱和度"调整图层，设置"自然饱和度"为 -100，然后单击□按钮，创建剪贴蒙版，如图 9-57 所示。此时画面效果如图 9-58 所示。

图 9-57　　　　　图 9-58

（3）此时衣服偏灰、偏暗，需要提高亮度。新建"曲线"调整图层，在曲线的中间调位置添加控制点并向左上方拖动，然后单击□按钮创建剪贴蒙版，曲线形状如图 9-59 所示。白色衣服效果如图 9-60 所示。

图 9-59　　　　　图 9-60

（4）加选制作白色衣服的图层，使用快捷键 Ctrl+G 进行编组，然后将图层组命名为"白"，如图 9-61 所示。

（5）制作棕色衣服。选中"白"图层组，使用快捷键 Ctrl+J 将图层组复制一份，然后将组内的两个调整图层删除，将图层组名称更改为"棕色"，如图 9-62 所示。

图 9-61　　　　　图 9-62

（6）新建"曲线"调整图层，然后添加控制点并向右下方拖动，单击□按钮创建剪贴蒙版，如图 9-63 所示。此时衣服效果如图 9-64 所示。

图 9-63　　　　　图 9-64

（7）新建图层，然后填充咖啡色，如图 9-65 所示。在"图层"面板中选中该图层，右击执行"创建剪贴蒙版"命令，此时衣服效果如图 9-66 所示。

图 9-65　　　　　图 9-66

（8）设置该图层的"混合模式"为"正片叠底"，"不透明度"为50%，如图9-67所示。此时衣服效果如图9-68所示。

图9-67　　　　　　　图9-68

（9）选中"米色"图层组，使用快捷键Ctrl+Shift+E进行盖印，如图9-69所示。继续将另外两个图层组进行盖印，然后将图层组隐藏，只显示衣服的图层，如图9-70所示。

图9-69　　　　　　　图9-70

（10）在画面中移动衣服图层的位置，并按照颜色由深色到浅色的顺序排列，如图9-71所示。最后在"图层"面板的最底部新建图层，填充淡棕色系的渐变，案例完成效果如图9-72所示。

图9-71　　　　　　　图9-72

9.3　项目实例：口红精修

文件路径	资源包\第9章\项目实例：口红精修
难易指数	★★★★★
技术掌握	钢笔工具、曲线、色相/饱和度、图层蒙版

案例效果

案例效果如图9-73所示。

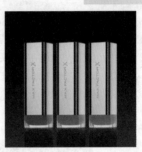

图9-73

9.3.1　商品美化

（1）打开商品素材，如图9-74所示。选择工具箱中的"钢笔工具"，在选项栏中设置绘制模式为"路径"，然后沿着商品的边缘绘制路径，如图9-75所示。

扫一扫，看视频

图9-74　　　　　　　图9-75

（2）使用快捷键 Ctrl+Enter 得到路径的选区，接着使用快捷键 Ctrl+J 将选区中的像素复制到独立图层，然后将原图层隐藏，如图 9-76 所示。此时画面效果如图 9-77 所示。

图 9-76　　　　　　　　　　图 9-77

（3）先对商品底部进行修饰，使形状变得平滑。图 9-78 所示为当前商品的状态。

（4）使用"吸管工具"在底部干净的部分单击拾取前景色，如图 9-79 所示。选择"画笔工具"，设置合适的笔尖大小，然后在底部绘制涂抹将凸起的位置进行覆盖，如图 9-80 所示。

（5）继续在另外一处涂抹进行覆盖，如图 9-81 所示。

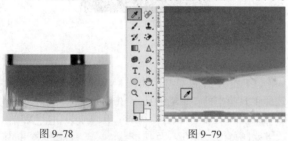

图 9-78　　　　　　　　　　图 9-79

图 9-80　　　　　　　　　　图 9-81

（6）此时红色底部的边缘不够平滑，可以通过"液化"命令进行处理。执行"滤镜"→"液化"命令，选择"冻结蒙版工具"，在底部边缘涂抹进行保护，然后选择"向前变形工具"，调整合适的笔尖大小，然后涂抹红色底边，使之更平滑，如图 9-82 所示。变形完成后，单击"确定"按钮，效果如图 9-83 所示。

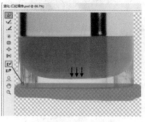

图 9-82　　　　　　　　　　图 9-83

（7）此时商品的底部颜色比较杂乱，不够干净，如图 9-84 所示。

（8）使用"钢笔工具"在商品左下方瑕疵的位置绘制路径，完成后转换成选区，如图 9-85 所示。将前景色设置为与周围接近的颜色，然后使用柔边圆画笔涂抹覆盖，如图 9-86 所示。

（9）使用快捷键 Ctrl+D 取消选区。选择工具箱中的"仿制图章工具"，设置合适的笔尖大小，然后按住 Alt 键在干净的位置单击进行取样，如图 9-87 所示。然后按住鼠标左键拖动涂抹进行修复，效果如图 9-88 所示。

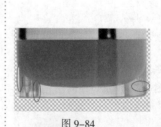

图 9-84　　　　　　　　　　图 9-85

图 9-86　　　　　　　　　　图 9-87

图 9-88

（10）选择工具箱中的"污点修复画笔工具"，设置合适的画笔大小，"类型"为"内容识别"，然后在商品右下角瑕疵的位置按住鼠标左键拖动，如图 9-89 所示。释放鼠标后即可看到修复效果，继续去除其他的杂点，效果如图 9-90 所示。

图 9-89　　　　　　　　图 9-90

（11）处理商品右侧边缘。首先建立一条垂直方向的参考线，移动至商品的右侧，可以发现商品并不是完全垂直的，如图 9-91 所示。

（12）首先使用"钢笔工具"绘制侧面的路径，然后将路径转换为选区，如图 9-92 所示。接着选择"渐变工具"，编辑一个金色系的渐变颜色，在设置颜色时需要在商品上拾取颜色，如图 9-93 所示。颜色编辑完成后，设置渐变类型为"线性"，然后新建图层，并在选区内按住鼠标左键拖动进行填充，效果如图 9-94 所示。

图 9-91　　　　　　　　图 9-92

图 9-93　　　　　　　　图 9-94

（13）此时商品的右上角缺失一部分，如图 9-95 所示。可以使用"钢笔工具"得到右上角位置的选区，如图 9-96 所示。然后使用快捷键 Ctrl+J 将选区中的像素复制到独立图层，接着向右移动并旋转，如图 9-97 所示。变换完成后按 Enter 键确定变换操作。

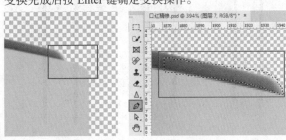

图 9-95　　　　　　　　图 9-96

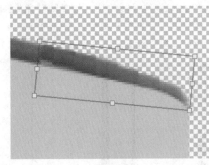

图 9-97

（14）此时商品的金属部分反光不够强烈，新建图层，然后按住 Ctrl 键单击刚刚绘制的图形图层，载入选区，就得到了商品侧面的选区。然后选择工具箱中的"渐变工具"，编辑一个褐色到透明的渐变，如图 9-98 所示。然后设置渐变类型为"线性"，在选区内按住鼠标左键拖动填充渐变颜色，效果如图 9-99 所示。填充区域如图 9-100 所示。

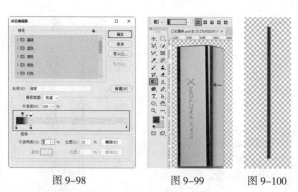

图 9-98　　　　　图 9-99　　　　图 9-100

（15）使用"钢笔工具"绘制商品正面两侧边缘的路径，将其转换为选区，如图9-101所示。使用"吸管工具"在商品上吸取深色，如图9-102所示。新建图层，使用快捷键Alt+Delete将其填充为深色，并使用快捷键Ctrl+D取消选区，填充区域如图9-103所示。

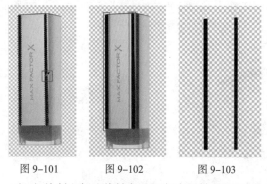

图 9-101　　　　图 9-102　　　　图 9-103

（16）绘制左侧边缘转角选区与中间转角处的选区，如图9-104所示。分别填充深色到金色的对称渐变，如图9-105所示，填充区域如图9-106所示。

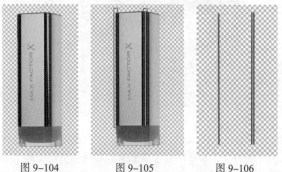

图 9-104　　　　图 9-105　　　　图 9-106

（17）加选修饰商品的图层，使用快捷键Ctrl+G进行编组。接下来调整商品的颜色，新建"曲线"调整图层，然后在"属性"面板中将曲线形状调整为S形，单击 按钮，创建剪贴蒙版，如图9-107所示。此时商品效果如图9-108所示。

图 9-107 　　　　　　　图 9-108

（18）制作倒影。加选图层组和上方的"曲线"调整图层，使用快捷键Ctrl+Alt+E进行盖印。这个图层将作为倒影，所以在"图层"面板中将此图层移动至图层组的下方，然后使用"自由变换"快捷键Ctrl+T，右击执行"垂直翻转"命令，接着将其向下移动，如图9-109所示。按Enter键确定变换操作，接着为倒影图层添加图层蒙版，然后编辑一个由白色到黑色的渐变，在图层蒙版中自上而下拖动填充。得到半透明并渐隐的倒影效果，如图9-110所示。

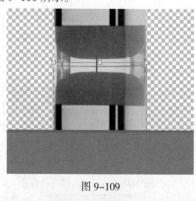

图 9-109

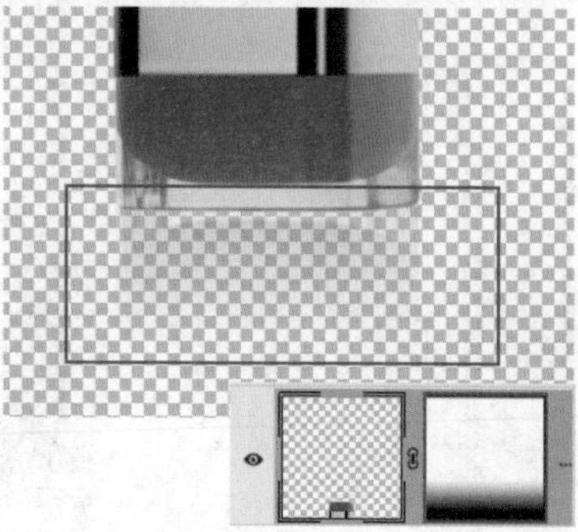

图 9-110

中文版 Photoshop 电商美工设计从入门到实战（全程视频版）（下册）

9.3.2　制作多款商品展示效果

（1）三款口红的包装是相同的，但是底部的颜色不同，需要制作不同颜色商品的展示效果。加选构成商品的全部图层，使用快捷键 Ctrl+Alt+E 进行盖印，然后将合并的图层向右移动，如图 9-111 所示。

扫一扫，看视频

图 9-111

（2）新建"色相/饱和度"调整图层，将颜色设置为"红色"，向左拖动"色相"滑块，设置数值为 -17，设置完成后单击 ⏍ 按钮，使调色效果只针对下方的合并图层，如图 9-112 所示。此时商品的颜色如图 9-113 所示。

图 9-112

图 9-113

（3）制作左侧的口红，需要将右侧口红图层和上方的"色相/饱和度"调整图层加选，然后使用快捷键 Ctrl+J 将其进行复制，然后向左移动，如图 9-114 所示。接着选择"色相/饱和度"调整图层，在"属性"面板中设置颜色为"红色"，"饱和度"为 +20，"明度"为 -40，参数设置如图 9-115 所示。此时商品效果如图 9-116 所示。

（4）在所有商品图层的最下方新建图层，然后填充白色，白色背景的商品展示效果就制作完成了，效果如图 9-117 所示。

图 9-114

图 9-115

图 9-116

图 9-117

（5）制作渐变色背景的商品展示效果。新建图层，选择工具箱中的"渐变工具"，编辑一个从淡橘色到白色的渐变，如图 9-118 所示。然后设置渐变类型为"径向渐变"，接着在画面中按住鼠标左键拖动进行填充，效果如图 9-119 所示。

（6）制作黑色背景的商品展示效果。新建图层，填充为灰色，此时画面效果如图 9-120 所示。当环境色为灰色时，倒影底部的颜色也应该为深色，但此时倒影渐隐部分呈现灰色调，如图 9-121 所示。

图 9-118

图 9-119

图 9-120　　　　　　　图 9-121

（7）在黑色背景图层上方新建图层，使用"矩形选框工具"，单击选项栏中的"添加到选区"按钮，然后再倒影地绘制选区，如图 9-122 所示。接着将选区填充为黑色，倒影效果如图 9-123 所示。此时黑色背景的商品展示效果制作完成，如图 9-124 所示。

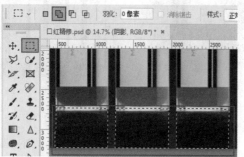

图 9-122

图 9-123　　　　　　　图 9-124

9.4 项目实例：玻璃制品精修

文件路径	资源包 \ 第 9 章 \ 项目实例：玻璃制品精修
难易指数	★★★★★
技术掌握	钢笔工具、图层蒙版、自由变换、曲线、画笔工具

案例效果

案例效果如图 9-125 所示。

图 9-125

9.4.1　美化瓶身部分

扫一扫，看视频

（1）新建一个空白文档，然后置入商品素材，并将图层栅格化，如图 9-126 所示。接着使用"钢笔工具"，设置绘制模式为"路径"，然后沿着商品边缘绘制路径，如图 9-127 所示。

图 9-126　　　　　　　图 9-127

（2）使用快捷键 Ctrl+Enter 将路径转换为选区，然后基于当前选区创建图层蒙版，如图 9-128 所示，效果如图 9-129 所示。

图 9-128　　　　　　　图 9-129

中文版 Photoshop 电商美工设计从入门到实战（全程视频版）（下册）

（3）使用工具箱中的"快速选择工具"，选中把手内部的选区，如图 9-130 所示。

图 9-130

（4）选中图层的蒙版，设置前景色为黑色，使用快捷键 Alt+Delete 填充黑色，如图 9-131 所示。此处被隐藏，如图 9-132 所示。

图 9-131 图 9-132

（5）使用快捷键 Ctrl+D 取消选区。单击选中图层蒙版，选中工具箱中的"画笔工具"，设置合适的笔尖大小，降低"不透明度"和"流量"数值，然后在瓶身的位置涂抹，隐藏此处的像素。此时可以将"背景"图层隐藏，查看效果，如图 9-133 所示。图层蒙版中的黑白关系如图 9-134 所示。

图 9-133 图 9-134

（6）提高瓶底的亮度。新建一个"曲线"调整图层，

设置通道为"蓝"，然后在中间调位置单击添加控制点并向左上方拖动。此时画面效果如图 9-135 所示。接着设置通道为 RGB，在曲线的中间调位置添加控制点并向左上方拖动，提高画面的亮度，然后单击 按钮使调色效果只针对下方图层，如图 9-136 所示。

图 9-135

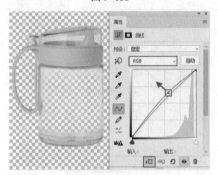

图 9-136

（7）单击"曲线"调整图层的图层蒙版，使用黑色的柔边圆画笔在瓶子上涂抹，将玻璃瓶身以外的调色效果隐藏，如图 9-137 所示。此时图层蒙版的黑白关系如图 9-138 所示。

图 9-137 图 9-138

（8）新建图层，使用"钢笔工具"绘制瓶身位置的路径，然后将路径转换为选区，接着将选区填充为灰色，如图 9-139 所示。

（9）制作瓶身顶部的高光。新建图层，使用"钢笔工具"在瓶身顶部绘制高光的路径，然后将路径转换为选区，然后填充为白色，如图 9-140 所示。接着使用快捷键 Ctrl+D 取消选区的选择，此时高光效果非常生硬。使用"橡皮擦工具"在高光图形底部适当地进行擦除，效果如图 9-141 所示。

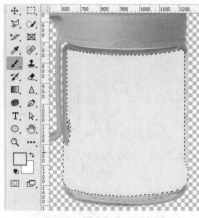

图 9-139

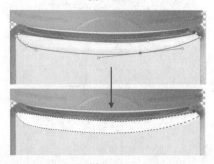

图 9-140

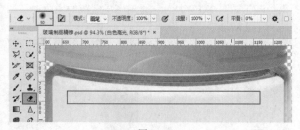

图 9-141

（10）此时瓶身右侧颜色不够均匀。选择工具箱中的"矩形选框工具"，在右侧边缘颜色比较均匀的区域绘制一个矩形选区，如图 9-142 所示。接着使用快捷键 Shift+Ctrl+C 进行合并复制，然后使用快捷键 Ctrl+V 进行粘贴，使用"自由变换"快捷键 Ctrl+T 进行变换，如图 9-143 所示。

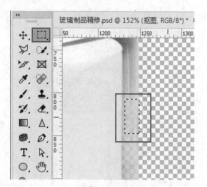

图 9-142

图 9-143

（11）按住 Shift 键拖动控制点，将其进行纵向拉长。变换完成后按 Enter 键确定变换操作。对比效果如图 9-144 所示。

（12）使用相同的方法制作瓶身左侧的边缘。对比效果如图 9-145 所示。

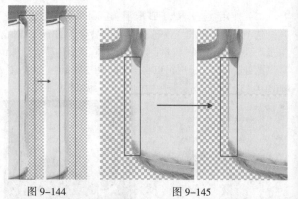

图 9-144　　　　　　　　　图 9-145

（13）处理瓶身顶部的转折位置，可以根据原有的明暗关系绘制图形。新建图层，使用"钢笔工具"绘制绿色区域的路径，然后转换为选区。使用"吸管工具"在转折区域单击拾取绿色，然后进行填充，如图 9-146 所示。使用相同的方法绘制高光部分的选区，填充白色，制作出转折位置的高光，如图 9-147 所示。

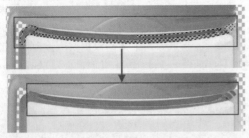

图 9-146

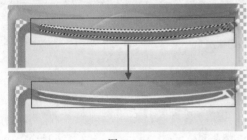

图 9-147

（14）瓶子的最底部非常杂乱，但是左侧的纹理比较清晰，可以将左侧底部复制一份，然后移动至右侧。首先得到瓶子左侧底部的选区，如图 9-148 所示。使用快捷键 Shift+Ctrl+C 进行合并复制，使用快捷键 Ctrl+V 进行粘贴，使用"自由变换"快捷键 Ctrl+T，在定界框内部右击执行"水平翻转"命令，如图 9-149 所示。

图 9-148

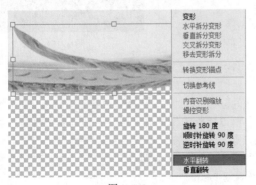

图 9-149

（15）将图形移动到合适位置，按 Enter 键确定变换操作，如图 9-150 所示。

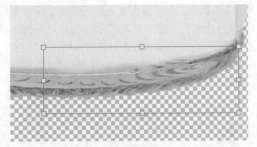

图 9-150

（16）新建图层，然后使用"钢笔工具"在底部比较杂乱的区域绘制路径，路径绘制完成后将路径转换为选区，接着将选区填充为灰色，如图 9-151 所示。选择"画笔工具"，将前景色设置为稍深一点的灰色，选择柔边圆画笔，将笔尖调大一些，然后在选区的两侧涂抹，压暗两侧的亮度，效果如图 9-152 所示。

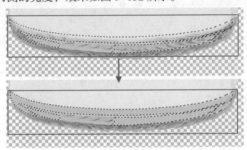

图 9-151

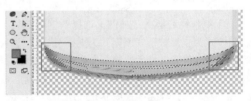

图 9-152

（17）复制左侧的部分纹理，自由变换后摆放在右侧，丰富底边细节，如图 9-153 所示。

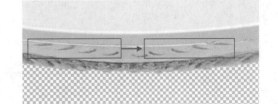

图 9-153

（18）制作瓶底的同心圆。新建图层，将前景色设置为浅灰色，选择"画笔工具"，使用柔边圆画笔，将笔尖调整为椭圆形，然后设置合适的笔尖大小，在瓶底位置单击进行绘制，如图9-154所示。选择"椭圆工具"，在选项栏中设置绘制模式为"形状"，"填充"为无，"描边"为浅灰色，描边粗细为5像素，然后在瓶底位置绘制椭圆形，如图9-155所示。

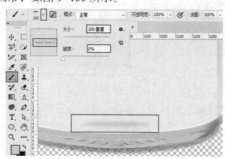

图9-154

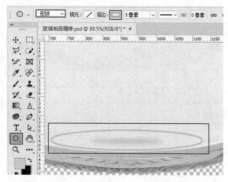

图9-155

（19）制作同心圆的最外圈。选择"钢笔工具"，设置绘制模式为"形状"，"填充"为无，"描边"为灰色，描边粗细为5像素，然后绘制一段弧线。将该图层栅格化之后执行"滤镜"→"模糊"→"高斯模糊"命令，设置"半径"为3像素，如图9-156所示，弧线效果如图9-157所示。

图9-156　　　　　　　图9-157

9.4.2　美化瓶盖部分

（1）新建一个"曲线"调整图层，添加控制点并向上拖动以提高亮度，曲线形状如图9-158所示。此时画面效果如图9-159所示。

图9-158　　　　　　　图9-159

（2）单击选择"曲线"调整图层的图层蒙版，将其填充为黑色，隐藏调色效果。然后将前景色设置为白色，选择"画笔工具"，设置合适的笔尖大小，调整"不透明度"和"流量"，然后在绿色区域涂抹，显示调色效果，如图9-160所示。图层蒙版中的黑白效果如图9-161所示。

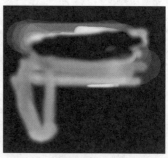

图9-160　　　　　　　图9-161

（3）塑料瓶盖位置的细节太多，需要统一。新建图层，使用"画笔工具"将前景色设置为浅灰色，然后在瓶盖的位置进行绘制。因为需要绘制平面和立面两个部分，所以转折的位置要保留，而且瓶盖平面的位置可以"实"一些，立面的位置可以降低画笔的"不透明度"和"流量"，让绘制效果"虚"一些。对比效果如图9-162所示。

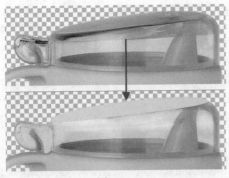

图 9-162

（4）提高盖子的亮度。新建"曲线"调整图层，在曲线的中间调位置单击添加控制点并向上拖动，曲线形状如图 9-163 所示。此时画面效果如图 9-164 所示。

图 9-163

图 9-164

（5）选择"曲线"调整图层的图层蒙版，将其填充为黑色，隐藏调色效果。然后使用白色的画笔在瓶盖透明的位置涂抹，显示调色效果，效果如图 9-165 所示。图层蒙版的黑白效果如图 9-166 所示。

图 9-165

图 9-166

（6）制作壶嘴。使用"钢笔工具"绘制壶嘴的路径，如图 9-167 所示。将路径转换为选区，新建图层，将前景色设置为与图中相近的绿色，选择"画笔工具"，设置合适的笔尖大小，在选区内进行涂抹，补全壶嘴显示

不完全的区域，如图 9-168 所示。

（7）制作壶嘴图形上的高光。新建图层，使用"钢笔工具"绘制高光形状的选区，然后填充白色。接着降低图层的不透明度，制作高光效果，如图 9-169 所示。

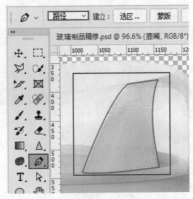

图 9-167

图 9-168

图 9-169

（8）制作瓶盖内侧部分的选区。新建图层，使用"吸管工具"吸取塑料部分的颜色，然后使用"画笔工具"涂抹颜色杂乱的区域，如图 9-170 所示。

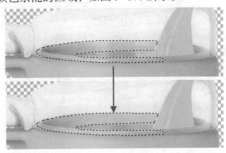

图 9-170

（9）在瓶盖立面与平面交接的位置绘制曲线路径，如图 9-171 所示。新建图层，将前景设置为灰色，选择"画笔工具"，设置较小的画笔大小，打开"画笔设置"

面板，单击"形状动态"，设置"控制"为"钢笔压力"，如图 9-172 所示。

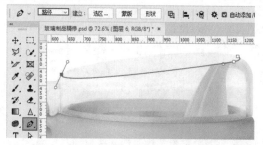

图 9-171

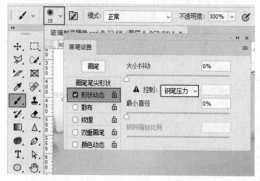

图 9-172

（10）选择"钢笔工具"，在路径上方右击执行"描边路径"命令,在弹出的"描边路径"对话框中设置"工具"为"画笔",勾选"模拟压力"复选框,然后单击"确定"按钮,如图 9-173 所示,效果如图 9-174 所示。

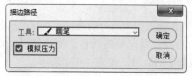

图 9-173

图 9-174

（11）新建图层，在瓶身的位置绘制高光的图形，并填充白色，然后适当降低图层的不透明度，使用"橡皮擦工具"擦除底部，使底部边缘变得柔和，如图 9-175 所示。选择高光图层,使用快捷键Ctrl+J将图层复制一份，

然后进行水平翻转，然后向右移动，如图 9-176 所示。

图 9-175

图 9-176

（12）继续绘制高光，效果如图 9-177 所示。在制作高光时，可以显示原来的商品图层，根据图片上的高光形状进行高光图形的绘制。

（13）单击选择"图层"面板中最顶部的图层，使用快捷键 Ctrl+Alt+Shift+E 进行盖印。然后将合并的图层移动至"背景"图层的上方，然后进行垂直翻转，接着向下移动，效果如图 9-178 所示。

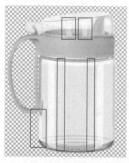

图 9-177

图 9-178

（14）为倒影图层添加图层蒙版，选择"渐变工具"，编辑一种从黑色到白色的渐变，然后在图层蒙版中拖动填充，得到渐隐的效果，倒影效果如图 9-179 所示。最后将白色背景图层显示出来，案例完成效果如图 9-180 所示。

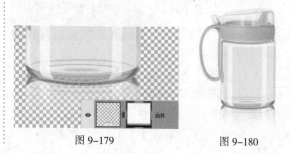

图 9-179　　　　　图 9-180

9.5 项目实例：护肤品精修

文件路径	资源包＼第9章＼项目实例：护肤品精修
难易指数	★★★★★
技术掌握	钢笔工具、曲线、自由变换、剪贴蒙版、图层样式

案例效果

案例效果如图9-181所示。

图 9-181

9.5.1 调整瓶身质感

（1）新建一个空白文档，将商品素材置入文档并栅格化。建立参考线，可以发现商品并不是垂直的，如图9-182所示。

扫一扫，看视频

（2）使用"钢笔工具"沿着商品边缘绘制路径，使用快捷键Ctrl+Enter将路径转换为选区，如图9-183所示。使用快捷键Ctrl+J将选区中的像素复制到独立图层，隐藏原商品图层。然后使用"自由变换"快捷键Ctrl+T，参照参考线进行旋转，如图9-184所示。旋转完成后按Enter键确定变换操作。

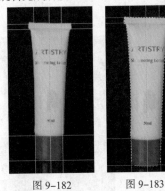
图 9-182　　　　图 9-183

图 9-184

（3）将瓶身的部分单独抠取到一个图层中，如

图9-185所示。接着载入瓶身图层的选区，使用"吸管工具"在瓶身上方单击拾取颜色，然后使用"画笔工具"在文字和花朵的位置涂抹将其覆盖住，如图9-186所示。

图 9-185

图 9-186

（4）执行"滤镜"→"模糊"→"表面模糊"命令，在弹出的"表面模糊"对话框中设置"半径"为25像素，"阈值"为10色阶，如图9-187所示。设置完成后单击"确定"按钮，效果如图9-188所示。

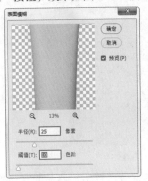
图 9-187

图 9-188

（5）此时商品的颜色不均匀，可以通过使用"颜色叠加"图层样式将颜色统一。执行"图层"→"图层样式"→"颜色叠加"命令，设置"颜色叠加"的"混合模式"为"颜色"，颜色为淡粉色，如图9-189所示。设置完成后单击"确定"按钮，商品效果如图9-190所示。

图 9-189

图 9-190

（6）显示商品的原图层，单击"钢笔工具"，设置绘制模式为"形状"，参考原图中的色彩设置填充颜色为粉色系的渐变，照着商品上的花朵图案描画，如图9-191所示。绘制完成后，选择花朵图层，执行"图层"→"图层样式"→"内阴影"命令，设置"内阴影"的"混合模式"为"正片叠底"，颜色为紫灰色，"不透明度"为18%，"角度"为-60度，"距离"为1像素，"大小"为3像素，参数设置如图9-192所示。设置完成后单击"确定"按钮，效果如图9-193所示。花朵图案制作完成后，为瓶身图层创建剪贴蒙版。

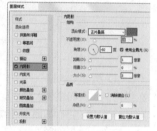

图 9-191　　　　　　　图 9-192

图 9-193

（7）通过压暗瓶身的部分区域增加商品的立体感。新建"曲线"调整图层，设置通道为"红"，在曲线的中间调位置单击添加控制点并向左上方拖动，如图9-194所示。设置通道为RGB，在曲线的中间调位置添加控制点并向右下方拖动，如图9-195所示。接着选中调整图层，为瓶身图层创建剪贴蒙版。

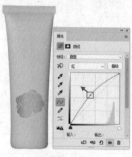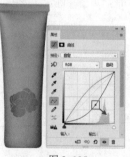

图 9-194　　　　　　　图 9-195

（8）将"曲线"调整图层的蒙版填充为黑色，隐藏调色效果。选择工具箱中的"钢笔工具"，设置绘制模式为"路径"，在左侧边缘绘制路径，如图9-196所示。单击选项栏中的"选区"按钮，在弹出的"建立选区"对话框中设置"羽化半径"为20像素，然后单击"确定"按钮，如图9-197所示。

图 9-196　　　　　　　图 9-197

（9）选中调整图层蒙版，将选区填充为白色，使选区内的部分显示调色效果，如图9-198所示。图层蒙版中的黑白关系如图9-199所示。

图 9-198　　　　　　　图 9-199

（10）使用相同的方法制作右侧的阴影，如图9-200所示。图层蒙版中的黑白关系如图9-201所示。

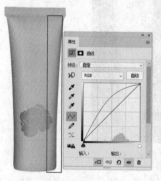

图 9-200　　　　　　　图 9-201

中文版 Photoshop 电商美工设计从入门到实战（全程视频版）（下册）

（11）制作商品上的高光，先新建"曲线"调整图层，提高亮度，并创建剪贴蒙版，如图 9-202 所示。选中图层蒙版，将其填充为黑色，隐藏调色效果。在商品的右侧绘制路径，随后转换为选区，然后将选区适当羽化后填充为白色，显示选区内的调色效果。图层蒙版中的黑白关系如图 9-203 所示，效果如图 9-204 所示。

图 9-202 　　　　　图 9-203 　　　　　图 9-204

（12）使用相同的方法提高左侧的亮度，曲线如图 9-205 所示。图层蒙版中的黑白关系如图 9-206 所示，效果如图 9-207 所示。

图 9-205 　　　　　图 9-206 　　　　　图 9-207

（13）提高商品的亮度，新建"曲线"调整图层，在曲线的中间调位置添加控制点并向左上方拖动，提高亮度。然后创建剪贴蒙版，效果如图 9-208 所示。

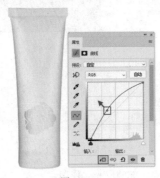

图 9-208

（14）加强商品的光感，新建"曲线"调整图层，压暗亮度，并创建剪贴蒙版，如图 9-209 所示。图 9-210 所示为图层蒙版中的黑白关系，效果如图 9-211 所示。

图 9-209 　　　　　图 9-210 　　　　　图 9-211

（15）继续压暗右上角的亮度。新建"曲线"调整图层，压暗亮度，并创建剪贴蒙版，将图层蒙版填充为黑色，隐藏调色效果。使用"钢笔工具"在商品的右上角绘制闭合路径后转换为选区，然后使用白色的半透明画笔在选区中涂抹，显示部分调色效果，如图 9-212 所示。图层蒙版中的黑白关系如图 9-213 所示。

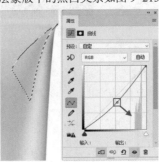

图 9-212 　　　　　　　图 9-213

（16）使用相同的方法制作左上角的压暗效果，如图 9-214 所示。图层蒙版中的黑白关系如图 9-215 所示。

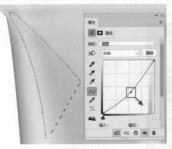

图 9-214 　　　　　　　图 9-215

（17）继续压暗顶部的亮度，在调整曲线时不仅需要压暗曲线形状，还需要提亮"红"通道的亮度。曲线形状调整完成后将图层蒙版填充为黑色，隐藏调色效果。然后使用"钢笔工具"在商品顶部绘制路径后转换为选区，接着使用白色的柔边圆画笔在选区内涂抹，显示调色效果。在涂抹时，选区顶部要"实"一些，底部要"虚"一些，这样能够产生颜色由暗到亮的变换，如图 9-216 所示。图层蒙版中的黑白关系如图 9-217 所示。

（18）适当提高商品两侧的亮度。新建"曲线"调整图层，提高商品的亮度，并创建剪贴蒙版，如图 9-218 所示。选中图层蒙版，填充为黑色，然后使用白色的画笔，在选项栏中适当降低"不透明度"和"流量"，然后在商品的左右两侧偏暗的位置进行涂抹。图层蒙版中的黑白关系如图 9-219 所示，效果如图 9-220 所示。

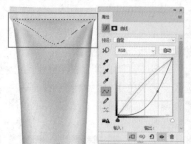

图 9-216　　　　　　　　图 9-217

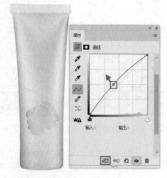

图 9-218

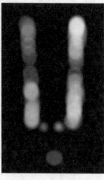

图 9-219　　　　　　图 9-220

（19）新建图层，使用"钢笔工具"在商品底部绘制闭合路径，如图 9-221 所示。接着将路径转换为选区，然后将前景色设置为比商品本身颜色稍深的粉色，使用"画笔工具"在选区内涂抹，在涂抹时可以沿着选区底部边缘涂抹，让选区顶部呈现虚化的效果，如图 9-222 所示。

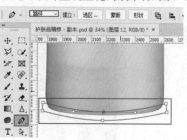

图 9-221

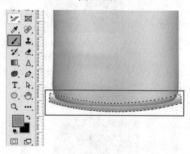

图 9-222

（20）设置该图层的"不透明度"为 50%，如图 9-223 所示。然后选择阴影图层，右击执行"创建剪贴蒙版"命令，效果如图 9-224 所示。

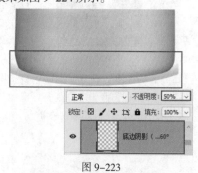

图 9-223

图 9-224

（21）制作底部的反光。使用"钢笔工具"，设置绘制

中文版 Photoshop 电商美工设计从入门到实战（全程视频版）（下册）

模式为"形状","描边"为白色,在底部绘制一条白色曲线,如图 9-225 所示。将该图层栅格化,执行"滤镜"→"模糊"→"高斯模糊"滤镜,设置"半径"为 5 像素,如图 9-226 所示。

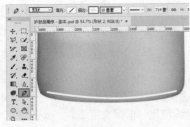

图 9-225

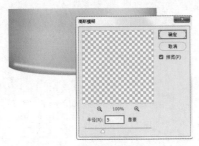

图 9-226

（22）为该图层添加图层蒙版,选择工具箱中的"渐变工具",编辑由黑色到白色再到黑色的渐变颜色,如图 9-227 所示。设置渐变类型为"线性渐变",然后在图层蒙版中拖动进行填充,高光效果如图 9-228 所示。

图 9-227 　　　　　图 9-228

（23）新建图层,将前景色设置为紫灰色,选择工具箱中的"画笔工具",画笔大小为 5 像素,然后按住 Shift 键绘制一条直线,直线的长度要超过商品的宽度,如图 9-229 所示。新建图层,将前景色设置为淡粉色,然后在紫灰色直线下方绘制一条直线,如图 9-230 所示。

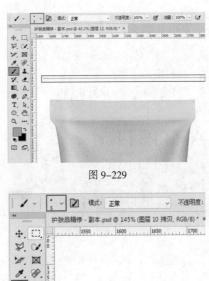

图 9-229

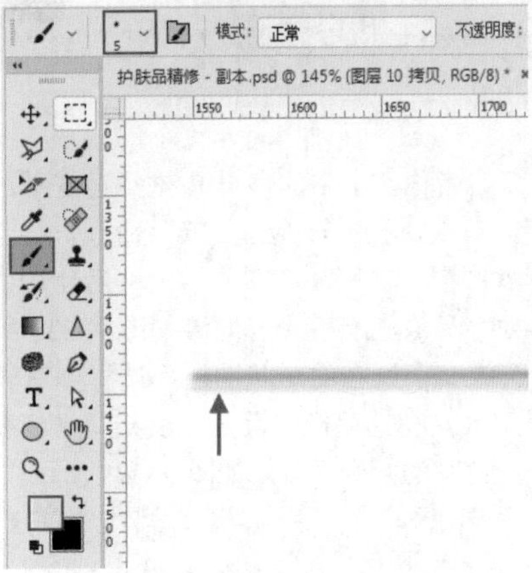

图 9-230

（24）将两条直线进行移动复制,如图 9-231 所示。加选多个直线图层,使用快捷键 Ctrl+G 进行编组,然后将图层组移动至瓶子压痕位置,如图 9-232 所示。

（25）使用相同的方法制作竖向的压痕,效果如图 9-233 所示。

图 9-231　　　　图 9-232　　　　图 9-233

（26）将横向与竖向的压痕图层加选后编组,载入商品部分的选区,如图 9-234 所示。选中图层组,在当前选区添加图层蒙版,隐藏商品轮廓以外的压痕,效果如图 9-235 所示。

图 9-234　　　　　图 9-235

9.5.2 制作瓶身上的文字

（1）显示原来的商品图层，然后使用工具箱中的"横排文字工具"，选择与商品名称相似的字体，设置相同的字号，输入文字，如图9-236所示。

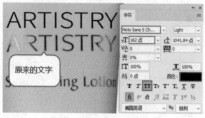

图 9-236

（2）商品名称文字中的字母R是经过变形的，选择文字图层，右击执行"转换为形状"命令，将文字图层转换为形状图层，如图9-237所示。然后使用"直接选择工具"对字母R进行变形，效果如图9-238所示。

（3）选中文字所在的形状图层，选择工具箱中任意一个矢量工具，在选项栏中设置"填充"为渐变，然后编辑一个红色系的渐变，效果如图9-239所示。

图 9-237

图 9-238

图 9-239

（4）选中文字图层，执行"图层"→"图层样式"→"内

阴影"命令，设置内阴影的"混合模式"为"正片叠底"，颜色为橘红色，"不透明度"为36%，"角度"为-60度，"距离"为1像素，"大小"为2像素，参数设置如图9-240所示。设置完成后单击"确定"按钮，效果如图9-241所示。

图 9-240   图 9-241

（5）继续使用"横排文字工具"添加文字，然后添加合适的"渐变叠加"和"内阴影"图层样式，文字效果如图9-242所示。

图 9-242

9.5.3 美化瓶盖部分

（1）将瓶盖部分抠取到独立图层，并在"图层"面板中将瓶盖图层移动到最顶层，如图9-243所示。

图 9-243

 提示：制作瓶盖的思路。

瓶盖部分基本需要重新绘制，需要注意的是，瓶

盖不是一个平面对象，而是立体对象，是由切面、切角和立面组成的。在制作瓶盖时，先制作瓶盖的切面，然后制作切角，最后制作立面，如图9-244所示。

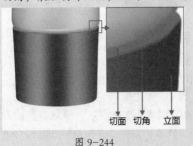

图 9-244

（2）制作切面部分。新建图层，将图层填充为粉色。然后选中图层，右击执行"创建剪贴蒙版"命令，效果如图9-245所示。

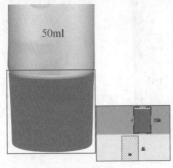

图 9-245

（3）选中切面图层，执行"滤镜"→"杂色"→"添加杂色"命令，设置"添加杂色"的"数量"为2%，"分布"为"高斯分布"，勾选"单色"复选框，参数设置如图9-246所示。设置完成后单击"确定"按钮，效果如图9-247所示。

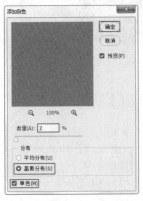

图 9-246

图 9-247

（4）制作瓶盖的切角，使用"钢笔工具"绘制一个比瓶盖稍小一些的图形，该图形需要在顶部露出下方切面图形的2~3像素，绘制完成后基于瓶盖图层创建剪贴蒙版，如图9-248所示。接着选中切角图层，执行"图层"→"图层样式"→"渐变叠加"命令，设置"渐变叠加"的"混合模式"为"正常"，"渐变"为红色系的渐变，"样式"为"线性"，参数设置如图9-249所示。设置完成后单击"确定"按钮，效果如图9-250所示。

图 9-248

图 9-249

图 9-250

（5）制作瓶盖的立面。继续使用"钢笔工具"绘制瓶盖的立体图形，该图形需要能够在顶部露出切面和切角。绘制完成后基于瓶盖图层创建剪贴蒙版，如图9-251所示。选中立面图形，添加"渐变叠加"图层样式，设置"混合模式"为"正常"，"渐变"为粉红色系的渐变，"样式"为"线性"，参数设置如图9-252所示。设置完成后单击"确定"按钮，效果如图9-253所示。

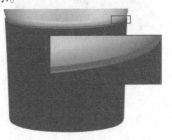

图 9-251

图 9-252　　　　　　　　　　　图 9-253

图 9-257　　　　　　　　　　　图 9-258

（6）压暗瓶盖左侧的亮度。新建图层，绘制矩形选区，填充半透明的渐变颜色，接着将矩形适当地进行旋转，效果如图 9-254 所示。载入瓶盖立面图层的选区，然后为矩形图层添加图层蒙版，隐藏多余的像素。选中该图层，右击执行"创建剪贴蒙版"命令，基于瓶盖图层创建剪贴蒙版。此时瓶盖效果如图 9-255 所示。

（7）使用相同的方法制作右侧的压暗效果，如图 9-256 所示。

（9）制作瓶盖上的高光。新建图层，使用"钢笔工具"绘制闭合图形，然后将选区填充为由白色到透明的渐变，效果如图 9-259 所示。接着降低该图层的"不透明度"，效果如图 9-260 所示。使用相同的方法制作其他的高光，效果如图 9-261 所示。瓶盖部分制作完成后可以加选图层进行编组。

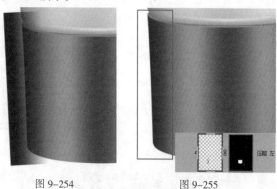

图 9-254　　　　　　　　　　　图 9-255

图 9-259　　　　　　　　　　　图 9-260

图 9-256

（8）使用"钢笔工具"在瓶盖底部绘制闭合路径，然后将路径转换为选区。新建图层，使用"画笔工具"在选区内涂抹进行绘制，如图 9-257 所示。然后基于瓶盖图层创建剪贴蒙版，效果如图 9-258 所示。

图 9-261

9.5.4　制作商品展示效果

扫一扫，看视频

（1）加选除"背景"图层以外的图层，并进行编组。选中图层组，使用快捷键 Ctrl+Alt+E 进行盖印得到合并图层，然后将原始图层组隐藏。此时"图层"面板如图 9-262 所示。

（2）制作倒影。显示瓶盖图层组，复制瓶盖并垂直翻转，然后向下移动，如图 9-263 所示。

图 9-262　　　　　　　图 9-263

（3）在定界框内右击执行"变形"命令，在选项栏中设置"网格"为 3×3，然后拖动控制点，根据瓶盖的形状进行变形，如图 9-264 所示。变形完成后按 Enter 键确定变换操作。接着为倒影图层添加图层蒙版，在图层蒙版中填充由白色到黑色的渐变，隐藏瓶盖下半部分的像素，效果如图 9-265 所示。

图 9-264　　　　　　　图 9-265

（4）在倒影图层的下一层新建图层，使用"画笔工具"，在选项栏中降低"不透明度"和"流量"，然后在瓶盖位置涂抹进行绘制，加深倒影和商品之间的阴影的颜色，效果如图 9-266 所示。

（5）在"背景"图层的上一层新建图层，然后填充红色系的渐变，案例完成效果如图 9-267 所示。

图 9-266　　　　　　　图 9-267

9.6　项目实例：女鞋精修

文件路径	资源包 \ 第 9 章 \ 项目实例：女鞋精修
难易指数	★★★★★
技术掌握	曲线、色相 / 饱和度、图层蒙版、画笔工具

案例效果

案例效果如图 9-268 所示。

图 9-268

9.6.1　商品抠图

（1）新建一个大小为 1500 像素 ×1500 像素的空白文档，然后将商品素材置入文档，并将其栅格化，如图 9-269 所示。

扫一扫，看视频

图 9-269

（2）进行抠图。抠图分为两个部分，先将鞋整体抠出来；然后单独对翻毛的部分进行处理。使用"钢笔工具"，设置绘制模式为"路径"，然后沿着鞋的边缘进行绘制，如图 9-270 所示。因为女鞋有折痕（发生了变形），所以在绘制路径时可以按照女鞋的原形进行绘制，在后期的修复过程中会将其补齐，如图 9-271 所示。

图 9-270

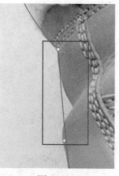

图 9-271

（3）使用快捷键 Ctrl+Enter 将路径转换为选区，使用快捷键 Ctrl+J 将选区中的像素复制到独立图层，然后将其他商品图层隐藏，如图 9-272 所示。接着为该图层添加图层蒙版，然后将前景色设置为黑色，使用柔边圆画笔在翻毛的边缘进行涂抹，隐藏边缘部分，如图 9-273 所示。

图 9-272

图 9-273

（4）将商品最原始的图层复制一份，并移动至"图层"面板中的最顶部，使用"快速选择工具"，设置合适的笔尖大小，然后在翻毛的位置拖动，得到翻毛的选区。接着单击选项栏中的"选择并遮住"按钮，如图 9-274 所示。进入"选择并遮住"界面，单击"调整边缘画笔"按钮，设置合适的"视图"，然后在翻毛的外侧边缘位置涂抹，将选区细化，接着勾选"净化颜色"复选框，最后将"输出到"设置为"图层蒙版"，如图 9-275 所示。

图 9-274

图 9-275

（5）设置完成后单击"确定"按钮，隐藏其他图层即可查看翻毛部分的效果，如图 9-276 所示。接着将下方的女鞋图层显示出来，此时一张完整的女鞋图就抠完了。加选构成女鞋的两个图层，使用快捷键 Ctrl+G 进行编组，可以将图层组命名为"抠图"，如图 9-277 所示。

图 9-276

图 9-277

9.6.2　美化鞋底

扫一扫，看视频

（1）选中"抠图"图层组，使用快捷键 Ctrl+Alt+E 进行盖印，得到一个合并图层，然后将"抠图"图层组隐藏。由于拍摄角度，鞋底部分缺乏细节，如图 9-278 所示。

图 9-278

中文版 Photoshop 电商美工设计从入门到实战（全程视频版）（下册）

（2）选中合并后的女鞋图层，选中工具箱中的"多边形套索工具"，在鞋底的位置绘制带有转折的选区，在绘制选区时要根据鞋底的形状进行绘制，如图 9-279 所示。使用"吸管工具"在鞋底颜色最深的位置单击拾取颜色，然后使用"画笔工具"，设置合适的笔尖大小，在选区边缘涂抹填充颜色，效果如图 9-280 所示。

图 9-279

图 9-280

（3）使用相同的方法制作另外一只女鞋的鞋底，效果如图 9-281 所示。

图 9-281

（4）新建图层，将前景色设置为土黄色，选择工具箱中的"画笔工具"，设置合适的笔尖大小，然后在鞋底的位置涂抹，如图 9-282 所示。选择该图层，右击执行"创建剪贴蒙版"命令，基于女鞋图层创建剪贴蒙版，接着设置该图层的"混合模式"为"柔光"，效果如图 9-283 所示。

图 9-282

图 9-283

（5）提高鞋底的亮度。新建"曲线"调整图层，在曲线的中间调位置添加控制点并向左上方拖动，提高画面的亮度，曲线的形状如图 9-284 所示。单击"属性"面板底部的 按钮创建剪贴蒙版，此时画面效果如图 9-285 所示。

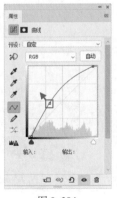

图 9-284

图 9-285

（6）选中调整图层的图层蒙版，将其填充为黑色，隐藏调色效果。接着选择"画笔工具"，将前景色设置为白色，然后在鞋底的位置涂抹显示调色效果，效果如图 9-286 所示。图层蒙版中的黑白关系如图 9-287 所示。

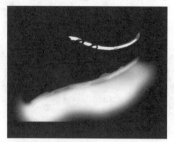

图 9-286　　　　　　　　图 9-287

（7）调整女鞋整体颜色。新建图层，将前景色设置为青灰色，设置这个颜色时可以使用"吸管工具"在女鞋上单击进行拾取。颜色设置完成后在女鞋上涂抹，效果如图 9-288 所示。接着选中该图层，右击执行"创建剪贴蒙版"命令创建剪贴蒙版，然后设置该图层的"混合模式"为"颜色"，效果如图 9-289 所示。

图 9-288　　　　　　　　图 9-289

9.6.3　修复鞋面

扫一扫，看视频

（1）首先修复折痕，需要将女鞋上光滑部分的像素复制出来；然后覆盖住折痕位置。修复下方女鞋左下角的位置，如图 9-290 所示。选择工具箱中的"套索工具"，在女鞋比较光滑的位置绘制选区，如图 9-291 所示。

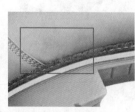
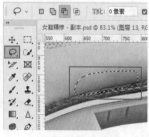

图 9-290　　　　　　　　图 9-291

（2）使用快捷键 Ctrl+Shift+C 进行合并复制，使用快捷键 Ctrl+V 进行粘贴，然后向左拖动，如图 9-292 所示。接着使用"自由变换"快捷键 Ctrl+T，根据女鞋的结构进行旋转，如图 9-293 所示。旋转完成后按 Enter 键确定变换操作。

（3）为该图层添加图层蒙版，将前景色设置为黑色，使用柔边圆画笔在复制图形的边缘涂抹，隐藏边缘生硬的像素，使其"融合"在女鞋上，达到自然的效果，如图 9-294 所示。

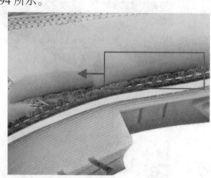

图 9-292

图 9-293　　　　　　　　图 9-294

（4）修复鞋跟变形的位置。使用"套索工具"在鞋跟光滑的位置绘制选区，如图 9-295 所示。接着使用快捷键 Ctrl+Shift+C 进行合并复制，使用快捷键 Ctrl+V 进行粘贴，然后向上拖动，如图 9-296 所示。

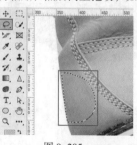

图 9-295　　　　　　　　图 9-296

（5）将复制的图形根据女鞋的结构进行旋转，效果如图 9-297 所示。此时复制的部分与覆盖的位置的颜色有细微的差距，可以使用快捷键 Ctrl+U 调出"色相/饱和度"对话框，设置"饱和度"为+15，设置完成后单击"确定"按钮，效果如图 9-298 所示。

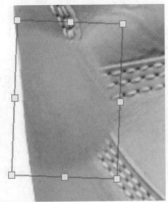

图 9-297

图 9-298

（6）为该图层添加图层蒙版，然后使用黑色的柔边圆画笔在图形的边缘进行涂抹，隐藏生硬的边缘，效果如图 9-299 所示。

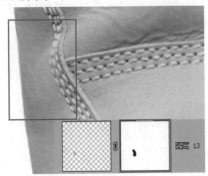

图 9-299

（7）继续修复其他褶皱区域，在修复过程中，如果复制的区域与覆盖的区域颜色不同，则需要进行调色，并且需要根据女鞋的结构进行变换，最后利用图层蒙版将生硬的边缘进行隐藏，使其"融合"在女鞋上，下方女鞋修复前后的对比效果如图 9-300 所示。图 9-301 所示为上方女鞋修复前后的对比效果。

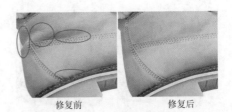

修复前　　　　修复后

图 9-300

修复前　　　　修复后

图 9-301

（8）修复鞋帮的位置。女鞋颜色不够均匀，因此显得鞋面不够光滑，如图 9-302 所示。新建"曲线"调整图层，在曲线的中间调位置添加控制点，然后向左上方拖动提高画面亮度，如图 9-303 所示。

图 9-302　　　　　　　图 9-303

（9）单击选择"曲线"调整图层的图层蒙版，将其填充为黑色，隐藏调色效果。然后将前景色设置为白色，选择"画笔工具"，选择柔边圆笔尖，适当地降低画笔的"不透明度"和"流量"，然后在颜色不均匀的位置进行涂抹，使被涂抹的区域变亮，逐渐得到平滑的鞋面。图层蒙版中的黑白关系如图 9-304 所示。修复前后的对比效果如图 9-305 所示。

图 9-304

修复前　　　　　修复后

图 9-305

（10）再次新建"曲线"调整图层，在曲线的中间调位置添加控制点并向左上方拖动，提高画面亮度，曲线形状如图 9-306 所示。接着将蒙版填充为黑色，隐藏调色效果。然后使用白色画笔在鞋帮颜色不均匀的位置涂抹，显示调色效果。图层蒙版中的黑白关系如图 9-307 所示，效果如图 9-308 所示。

图 9-306　　　　　　　图 9-307

图 9-308

（11）提亮上方鞋帮的位置。新建"曲线"调整图层，

在曲线的中间调位置添加控制点并向左上方拖动，提高画面亮度，如图 9-309 所示。将"曲线"调整图层的图层蒙版填充为黑色，使用白色的画笔在鞋帮位置涂抹，显示调色效果。图层蒙版中的黑白关系如图 9-310 所示，女鞋效果如图 9-311 所示。

图 9-309

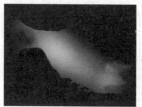

图 9-310　　　　　　　　图 9-311

（12）修复上方女鞋，使其变得平滑。新建"曲线"调整图层，在曲线的中间调位置单击添加控制点并向左上方拖动，提高画面亮度，曲线形状如图 9-312 所示。接着将"曲线"调整图层的图层蒙版填充为黑色，隐藏调色效果。使用白色的画笔，适当降低"不透明度"和"流量"，然后在颜色不均匀的位置涂抹，显示调色效果。图层蒙版中的黑白关系如图 9-313 所示，效果如图 9-314 所示。

图 9-312

图 9-313　　　　　　　　图 9-314

（13）修复鞋带孔位置。新建"曲线"调整图层，在曲线的中间调位置单击添加控制点并向左上方拖动，提高画面亮度，曲线形状如图 9-315 所示。接着将调整图层的图层蒙版填充为黑色，然后使用白色的画笔涂抹偏暗的部分。图层蒙版中的黑白关系如图 9-316 所示，效果如图 9-317 所示。

图 9-315

图 9-316　　　　　　　　图 9-317

9.6.4　调整鞋色

（1）上方女鞋鞋帮的位置有一处颜色纯度比较高，显得很突兀，如图 9-318 所示。新建"自然饱和度"调整图层，然后向左拖

扫一扫，看视频

动"自然饱和度"滑块，降低饱和度，如图 9-319 所示。此时画面效果如图 9-320 所示。

（2）选中"自然饱和度"调整图层的图层蒙版，将其填充为黑色，隐藏调色效果。接着使用白色画笔在需要调色的位置进行涂抹，显示调色效果，效果如图 9-321 所示。

图 9-318　　　　　　　　图 9-319

图 9-320　　　　　　　　图 9-321

（3）提高翻毛的亮度，让它看起来更加干净。使用"快速选择工具"得到翻毛位置的选区，如图 9-322 所示。在当前选区的状态下新建"曲线"调整图层，在曲线的中间调位置单击添加控制点并向左上方拖动，曲线形状如图 9-323 所示。此时调色效果只针对选区内的像素，调整效果如图 9-324 所示。

图 9-322

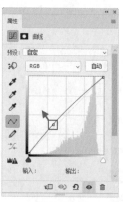

图 9-323   图 9-324

（4）载入女鞋的选区，新建"曲线"调整图层，调整曲线，如图 9-325 所示。将图层蒙版填充为黑色，然后使用白色"画笔工具"涂抹需要压暗的部分，图层蒙版中的黑白关系如图 9-326 所示。此时女鞋效果如图 9-327 所示。

图 9-325

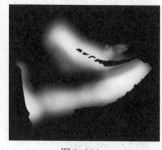

图 9-326   图 9-327

（5）提高鞋面的亮度。载入女鞋的选区，然后新建"曲线"调整图层，在曲线的中间调位置单击添加控制点并向左上方拖动，提高画面亮度，如图 9-328 所示。接着选择图层蒙版，填充为黑色，使用白色的"画笔工具"在女鞋上方涂抹，只保留鞋面位置的调色效果，图层蒙版中的黑白关系如图 9-329 所示，效果如图 9-330 所示。

图 9-328

图 9-329   图 9-330

（6）使用"快速选择工具"得到女鞋蓝灰色区域的选区，如图 9-331 所示。新建"自然饱和度"调整图层，设置"自然饱和度"为 +100，参数设置如图 9-332 所示。此时女鞋效果如图 9-333 所示。

图 9-331

图 9-332   图 9-333

（7）此时女鞋的瑕疵就修复完成了，可以加选修复瑕疵的这些图层，使用快捷键 Ctrl+G 进行编组。选中图层组，使用快捷键 Ctrl+Alt+E 进行盖印，得到一个合并图层，然后将图层组隐藏，如图 9-334 所示。

图 9-334

（8）选中合并图层，执行"滤镜"→"锐化"→"智能锐化"命令，在弹出的"智能锐化"对话框中设置"数量"为 70%，"半径"为 2.5 像素，"减少杂色"为 10%，"移去"为"高斯模糊"，设置完成后单击"确定"按钮，如图 9-335 所示。此时蓝色女鞋就制作完成了，效果如图 9-336 所示。

（9）在"图层"面板中加选除"背景"图层以外的图层，然后使用快捷键 Ctrl+G 进行编组，命名为 1，如图 9-337 所示。

图 9-335

图 9-336

图 9-337

9.6.5 制作女鞋展示效果

（1）选中"背景"图层，将前景色设置为土黄色，然后使用快捷键 Alt+Delete 进行填充，如图 9-338 所示。

扫一扫，看视频

图 9-338

（2）制作女鞋的阴影。根据女鞋的受光情况分析，照片光源的位置在画面的右上角，所以女鞋阴影应该在女鞋的左下角。载入女鞋的选区，执行"选择"→"变换选区"命令，然后按快捷键 Shift+Ctrl 拖动控制点将选区进行变形，如图 9-339 所示。变换完成后按 Enter 键确定变换操作。在选中选区的状态下，新建"曲线"调整图层，压暗选区内的亮度，如图 9-340 所示。

图 9-339

图 9-340

（3）加深女鞋下方的阴影，使阴影更有层次。在"背景"图层上方新建"曲线"调整图层，将高光位置的控制点向下拖动，压暗画面的亮度，如图 9-341 所示。接着将"曲线"调整图层的图层蒙版填充为黑色，然后使用白色柔边圆画笔在女鞋的底部涂抹显示调色效果，效果如图 9-342 所示。

图 9-341

图 9-342

（4）将两个制作阴影的图层加选后编组，然后将前景色设置为黑色，使用柔边圆画笔，适当地降低画笔的"不透明度"和"流量"，然后在阴影的位置进行涂抹，将阴影颜色比较重的位置隐藏，制作出自然的阴影效果，如图9-343所示。

图9-343

（5）在有光源照射的情况下，背景部分会受光源的影响而产生明暗的变化，接下来需要将右上角的位置提亮，左下角的位置压暗，使背景更富有层次。新建"曲线"调整图层，在曲线的中间调位置单击添加控制点并向右下方拖动，压暗画面亮度，如图9-344所示。接着将前景色设置为黑色，使用柔边圆画笔在画面右上部分进行涂抹，隐藏调色效果。此时画面效果如图9-345所示。

图9-344　　　　　　　图9-345

（6）新建"曲线"调整图层，在曲线的中间调位置单击添加控制点并向左上方拖动，提高画面亮度，如图9-346所示。接着将前景色设置为黑色，使用柔边圆画笔在画面左下部分进行涂抹，隐藏调色效果。此时画面效果如图9-347所示。

图9-346　　　　　　　图9-347

（7）将"背景"图层解锁，然后加选制作背景和阴影的图层，使用快捷键Ctrl+G进行编组，如图9-348所示。

图9-348

（8）选中"背景"图层组，使用快捷键Ctrl+Alt+E进行盖印，接着将该图层组移动至"图层"面板中的最顶层，如图9-349所示。接着找到蓝色女鞋最终的效果图层，使用快捷键Ctrl+J将其复制一份，然后移动到"图层"面板中的最顶层，如图9-350所示。

图9-349　　　　　　　图9-350

（9）将复制的背景颜色调整为蓝色。选择"背景"图层，使用快捷键Ctrl+U调出"色相/饱和度"对话框，设置"色相"为155，"饱和度"为-28，"明度"为+12，参数设置如图9-351所示。设置完成后单击"确定"按钮，效果如图9-352所示。

图9-351　　　　　　　图9-352

（10）调整女鞋的颜色。选中女鞋图层，新建"色相/

饱和度"调整图层,设置颜色为"青色","色相"为+178,然后单击"属性"面板底部的 按钮创建剪贴蒙版,如图9-353所示。此时女鞋效果如图9-354所示。

图 9-353

图 9-354

(11)加选制作蓝色背景女鞋的三个图层,使用快捷键Ctrl+G进行编组,然后命名为2,如图9-355所示。选中2图层组,使用快捷键Ctrl+J将图层组复制到独立图层,然后将图层组的名称更改为3,为制作紫色背景的女鞋做准备,如图9-356所示。

图 9-355

图 9-356

(12)打开3图层组,然后选择蓝色背景,使用快捷键Ctrl+U调出"色相/饱和度"对话框,设置"色相"为+87,"饱和度"为-37,"明度"为-41,参数设置如图9-357所示。设置完成后单击"确定"按钮,效果如图9-358所示。

图 9-357

图 9-358

(13)选择3图层组中的"色相/饱和度"调整图层,设置颜色为"青色",更改"色相"为-149,参数设置如图9-359所示。参数调整完成后以后,紫色背景的女鞋展示效果就制作完成了,如图9-360所示。

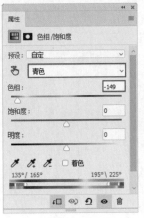

图 9-359

图 9-360

Chapter 10

第10章

商品主图设计

本章内容简介：

电商平台中的商品主图也常被称为"宝贝主图"，商品主图就像橱窗里的模特，想要吸引更多客人进店消费，那就要把商品最好的外观以及最吸引人的卖点展示出来。优秀的主图不仅可以带动商品的销量，而且可以为店铺带来流量；不合格的主图可能会造成商品下架与扣分的严重后果。本章中就来学习商品主图的设计与制作。

10.1 商品主图的构成

10.1.1 商品主图的构成

当今时代，视觉营销是电商平台的重头戏，主图作为消费者对商品的第一印象，设计得好坏则会直接影响点击率。在设计主图之前，首先来了解一下商品主图的类型。目前流行的主图大致分为"商品展示"和"商品信息＋展示"两大类。

1. 商品展示

商品展示就是直接将商品照片作为主图，这种主图更能体现商品的真实性，所以在主图的选择上通常会选择最有卖点的那一张照片，如图 10-1 所示。

2. 商品＋信息展示

商品＋信息展示的主图相当于一个商品广告，会显示商品的基础信息、店铺活动信息等内容，这种主图能够让客户对商品的基本信息迅速进行了解和判断，增加与同类商品之间的区别，更好地突出商品的优势，如图 10-2 所示。

图 10-1   图 10-2

10.1.2 商品主图的设计技巧

每一张好的主图，其实都凝聚了设计师以往实践的经验以及对商品的思考。在主图的设计上可以通过以下几点让主图在同质化商品中脱颖而出。

1. 主图应该饱满

大多数电商平台的主图展示区为正方形，所以主图是正方形才能充分利用展示区。例如，某平台要求商品主图的尺寸为 700px×700px 以上，当尺寸大于700px×700px 时，有放大功能。当有放大功能后，客户就能够通过放大查看商品的细节，提升了网页的好感度，如图 10-3 所示。

图 10-3

2. 一定要把亮点展示在主图上

主图既可以体现商品的亮点，也可以体现店铺的亮点。例如，如果一条连衣裙的后背比较有设计感，那么可以将模特的背影作为主图，如图 10-4 所示。还可以在主图上添加一些活动信息，如年终大促、满减活动等，这样就可以让受众在众多同质化商品中通过这些信息迅速判断出店铺的卖点，从而吸引更多受众开链接进入店铺浏览。虽然通过这些促销信息能够传递店铺的亮点，但是在设计中要尽量做到简洁明了、思路清晰，避免因添加过多的元素而产生喧宾夺主的感觉，如图 10-5 所示。

图 10-4   图 10-5

3. 千万不要和大卖家主图重复

在购买商品时，客户通常都会选择销量高、评价好、价格低的商品，如果是相同的商品，且价格也相近，那么很少有客户会去买小卖家店铺里的商品，面对这种情况，小卖家店铺就需要在主图上与大卖家有所区别，突显自己的商品，这样可以让客户认为这款商品在平台里面是独一无二的。

4. 带上自己店铺的 Logo 或商品的品牌

在主图上体现店铺的Logo 或商品的品牌，这样既能够提高商品的辨识度与可信赖感，也能够突出品牌的实力，从而达到提高商品购买率的目的，如图 10-6 所示。

图 10-6

10.1.3　商品主图的常见构图方式

在进行商品主图的版面规划时，可以参考以下几种常见的构图方式：中心式构图、对角线构图、均衡构图、紧凑式构图、九宫格构图。

1. 中心式构图

将商品放在画面的中心位置，很容易将受众的视线集中在商品上。这种方式简单直接，但也容易产生平淡之感，如图10-7和图10-8所示。

图10-7　　　　　　　　　图10-8

2. 对角线构图

对角线就是正方形或长方形两个不相邻的顶点的连线，而对角线构图就是将主图中的主要内容按对角线进行排版。通常，在拍摄商品照片时，就可以利用这样的方法，如图10-9和图10-10所示。

图10-9　　　　　　　　　图10-10

3. 均衡构图

均衡构图是将版面分为左右两个部分，通过两张图来展现商品的正面和侧面或者同款商品的不同颜色，常用于服装、鞋靴等商品的展示。这种构图方式能够在有限的空间中尽可能地展示商品，吸引受众的注意，如图10-11和图10-12所示。

图10-11　　　　　　　　　图10-12

4. 紧凑式构图

紧凑式构图在布局上比较紧凑，信息内容比较丰富，留白空间较小，这种构图方式比较适合店铺有促销活动，或者同质化商品较多的商品，如电器、化妆品、鞋子等。因为销售同一商品的店铺肯定不止一家，要想区别于其他店铺，那么就需要通过活动、卖点等信息进行区分，如图10-13和图10-14所示。

图10-13　　　　　　　　　图10-14

5. 九宫格构图

九宫格构图法是构图法中最常见、最基本的方法之一，也称为"井"字构图法。这种构图法是通过分格的形式，把画面的上、下、左、右四个边平均分配成三等份，然后用直线把对应的点连接起来，使得画面形成一个"井"字。而"井"字所产生的交叉点就是表现主体商品最合理的位置，如图10-15和图10-16所示。

 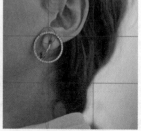

图10-15　　　　　　　　　图10-16

10.2 项目实例：简洁化妆品主图

文件路径	资源包 \ 第 10 章 \ 项目实例：简洁化妆品主图
难易指数	★★★★★
技术掌握	渐变工具、画笔工具、横排文字工具、曲线、智能锐化

案例效果

案例效果如图 10-17 所示。

图 10-17

10.2.1 创意解析

本案例制作的是简约风格的化妆品主图，整个画面中没有过多的元素，只有商品图像和简单的文字说明。此类版面的优势在于可以从凌乱的浏览页面中脱颖而出，吸引消费者的注意力。由于没有过多元素的影响，还能加深消费者对商品的印象。在画面中，右上角文字的底色源自商品的颜色，这样的配色能够形成相互呼应的效果。

10.2.2 制作背景和商品

（1）新建一个长、宽均为 900 像素的正方形的空白文档，使用"渐变工具"，单击选项栏中的渐变色条，在弹出的"渐变编辑器"对话框中编辑一个由淡紫色到白色的渐变，如图 10-18 所示。接着设置渐变类型为"径向渐变"，在画面中按住鼠标左键拖动填充，如图 10-19 所示。

扫一扫，看视频

图 10-18

图 10-19

（2）置入商品素材，移动至画面左下角，并将图层栅格化，如图 10-20 所示。

图 10-20

（3）制作商品的阴影。在商品图层的下一层新建图层，将前景色设置为蓝灰色，使用"画笔工具"，设置合适的笔尖大小，选择柔边圆画笔，设置"不透明度"为 70%，在商品的底部绘制阴影，如图 10-21 所示。新建图层，在选项栏中将"不透明度"设置为 100%，在左侧位置涂抹绘制阴影，效果如图 10-22 所示。

图 10-21

图 10-22

（4）新建图层，在选项栏中设置"不透明度"和"流量"为 50%，在左侧阴影外侧按住鼠标左键拖动涂抹进行绘制，使阴影产生深浅的变化，效果如图 10-23 所示。再次新建图层，将笔尖调大，然后进行绘制，效果如图 10-24 所示。

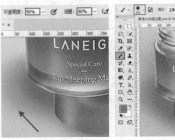

图 10-23

图 10-24

（5）商品图片不够清晰，需要进行智能锐化。选中商品图层，执行"滤镜"→"锐化"→"智能锐化"命令，设置"数量"为 200%，"半径"为 2.0 像素，"减少杂色"

为20%，"移去"为"高斯模糊"，参数设置如图 10-25 所示。设置完成后单击"确定"按钮，效果如图 10-26 所示。

图 10-25　　　　　　　图 10-26

（6）对商品进行调色。选中商品图层，新建"自然饱和度"调整图层，在"属性"面板中设置"自然饱和度"为 +50，单击 按钮创建剪贴蒙版，如图 10-27 所示。此时商品效果如图 10-28 所示。

图 10-27　　　　　　　图 10-28

（7）压暗商品的亮度，新建"曲线"调整图层，在曲线的中间调位置添加控制点向右下方拖动，单击 按钮创建剪贴蒙版，如图 10-29 所示。此时商品效果如图 10-30 所示。

图 10-29　　　　　　　图 10-30

（8）选中"曲线"调整图层的图层蒙版，将前景色设置为黑色，选择"画笔工具"，设置合适的笔尖大小，在高光的位置进行涂抹，还原原始的明度，如图 10-31 所示。

图 10-31

10.2.3　添加广告文字

（1）新建图层，使用"矩形选框工具"在画面的右上角绘制矩形选区，将前景色设置为粉红色，使用快捷键 Alt+Delete 进行填充，如图 10-32 所示。使用快捷键 Ctrl+D 取消选区的选择。使用"自定形状工具"，在选项栏中设置绘制模式为"形状"，"填充"为白色，单击"形状"下拉按钮，在下拉面板中选择一种合适的形状，接着在矩形的右侧绘制形状，如图 10-33 所示。

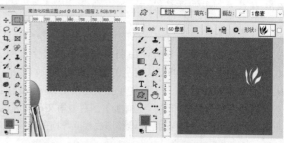

图 10-32　　　　　　　图 10-33

（2）使用工具箱中的"横排文字工具"，在矩形上方依次添加文字，效果如图 10-34 所示。

图 10-34

（3）制作白色边框。新建图层，将图层填充为白色。接着使用"矩形选框工具"在画面中绘制一个比画面稍小的矩形选区，如图 10-35 所示。接着按 Delete 键删除选区中的像素，得到白色的选区。最后使用快捷键 Ctrl+D 取消选区的选择。案例完成效果如图 10-36 所示。

图 10-35　　　　　　　图 10-36

10.3 项目实例: 图文结合的化妆品主图

文件路径	资源包\第10章\项目实例:图文结合的化妆品主图
难易指数	★★★★★
技术掌握	渐变工具、横排文字工具、自由变换、矩形工具、添加杂色

案例效果

案例效果如图 10-37 所示。

图 10-37

10.3.1　创意解析

本案例采用九宫格构图法,商品位于左侧的交叉点位置。这种构图方式比较符合人们的视觉习惯,使主体商品作为画面的视觉中心。画面利用商品本身清新的绿色调搭配背景的褐色调,这样的配色会使人产生一种自然之感,与商品的调性相符。同时,柔和的背景也会使画面看起来更加沉稳、大气。

10.3.2　制作商品部分

(1)新建一个长、宽均为 800 像素的空白文档,使用"渐变工具",打开"渐变编辑器"对话框,编辑一个褐色系的渐变,如

扫一扫,看视频

图 10-38 所示。接着设置渐变类型为"线性渐变",在画面中按住鼠标左键拖动进行填充,如图 10-39 所示。

图 10-38　　　　　　　图 10-39

(2)使用"矩形工具",在选项栏中设置绘制模式为"形状","填充"为白色,绘制一个比画面稍小的正方形,如图 10-40 所示。新建图层,将前景色设置为土黄色,选择工具箱中的"画笔工具",选择柔边圆画笔,画笔大小为 700 像素,在画面的上方进行绘制。选中该图层,右击执行"创建剪贴蒙版"命令,以白色矩形图层为基底图层创建剪贴蒙版,如图 10-41 所示。

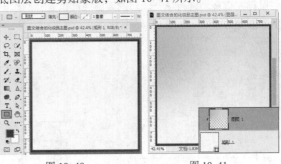

图 10-40　　　　　　　图 10-41

(3)将商品素材置入文档,移动至画面的左下角位置,并将图层栅格化,如图 10-42 所示。

图 10-42

(4)制作商品倒影。选择商品图层,使用快捷

键 Ctrl+J 将图层复制一层，使用"自由变换"快捷键 Ctrl+T，在定界框内部右击执行"垂直翻转"命令，如图 10-43 所示。变换完成后按 Enter 键确定变换操作，将垂直翻转的商品向下移动，使商品底部产生对称的效果。在"图层"面板中将复制的图层移动至商品图层的下一层，如图 10-44 所示。

图 10-43　　　　　　　　图 10-44

（5）选择作为倒影的图层，为该图层添加图层蒙版，接着编辑一个由白色到黑色的渐变，如图 10-45 所示，然后设置渐变类型为"线性渐变"。选择图层蒙版，按住鼠标左键拖动进行填充。隐藏倒影底部位置，制作出倒影渐隐的效果，如图 10-46 所示。

图 10-45　　　　　　　　图 10-46

10.3.3　添加商品信息

扫一扫，看视频

（1）使用"矩形工具"，设置绘制模式为"形状"，"填充"为白色，"描边"为灰色，描边粗细为 5 像素。设置完成后在画面顶部按住鼠标左键拖动绘制矩形，如图 10-47 所示。新建图层，使用"矩形选框工具"在白色矩形上方绘制一个矩形选区，矩形选区的宽度是白色矩形的一半，如图 10-48 所示。

图 10-47

图 10-48

（2）新建图层，使用"渐变工具"，打开"渐变编辑器"对话框，编辑一个褐色系的渐变颜色，如图 10-49 所示。接着设置渐变类型为"径向渐变"，在选区内按住鼠标左键拖动进行填充，如图 10-50 所示。

图 10-49

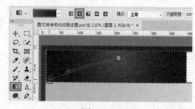

图 10-50

（3）选择该图层，执行"滤镜"→"杂色"→"添加杂色"命令，在弹出的"添加杂色"对话框中设置"数量"为 2%，"分布"为"高斯模糊"，勾选"单色"复选框，设置完成后单击"确定"按钮，如图 10-51 所示。再次执行"添加杂色"命令，设置"数量"为 1%，如图 10-52 所示。

图 10-51   图 10-52

（4）设置完成后单击"确定"按钮。此时矩形效果如图 10-53 所示。使用相同的方法在白色矩形的右侧绘制矩形，并添加"添加杂色"滤镜，如图 10-54 所示。

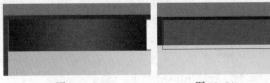

图 10-53   图 10-54

（5）使用"横排文字工具"，在左侧褐色矩形上方单击插入光标，然后输入文字。选中文字图层，打开"字符"面板，设置合适的字体、字号，单击"仿斜体"按钮，效果如图 10-55 所示。继续使用"横排文字工具"在右侧的褐色矩形上方添加文字，如图 10-56 所示。此时画面顶部内容制作完成，可以将顶部的图层加选后使用快捷键 Ctrl+G 进行编组。

图 10-55   图 10-56

（6）制作对话框图形。使用"矩形工具"，在选项栏中设置绘制模式为"形状"，"填充"为红色，设置完成后在画面的右侧按住鼠标左键拖动绘制矩形，如图 10-57 所示。使用"钢笔工具"，在选项栏中设置绘制模式为"形状"，"填充"为深红色，接着在矩形的右侧绘制一个三角形，如图 10-58 所示。

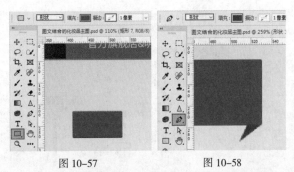

图 10-57   图 10-58

（7）制作对话框的阴影。使用"钢笔工具"绘制一个不规则的四边形，在选项栏中设置"填充"为灰褐色，在"图层"面板中将四边形图层移动至红色矩形的下一层。此时画面效果如图 10-59 所示。选中灰褐色四边形图层，为该图层添加图层蒙版，编辑一个由黑色到白色的渐变，设置渐变类型为"线性渐变"，在图层蒙版中按住鼠标左键拖动进行填充。隐藏灰褐色四边形的上半部分，制作阴影的渐隐效果，如图 10-60 所示。

（8）使用工具箱中的"横排文字工具"在此处依次添加文字，如图 10-61 所示。

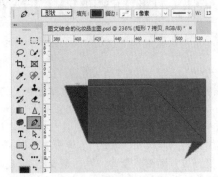

图 10-59

图 10-60   图 10-61

（9）使用"矩形工具"，在选项栏中设置绘制模式为"形状"，"填充"为灰褐色，在文字的左侧绘制一个细长的矩形，如图 10-62 所示。继续使用"矩形工具"在直线顶部绘制矩形，如图 10-63 所示。

图 10-62　　　　　　　　图 10-63

（10）选中矩形图层，使用快捷键 Ctrl+J 将矩形图层复制一份，将矩形向下垂直移动至直线的底部，如图 10-64 所示。加选两个矩形图层和直线图层，使用快捷键 Ctrl+G 进行编组。选中图层组，使用快捷键 Ctrl+J 将图层组复制一份，移动到文字的右侧，如图 10-65 所示。

图 10-64　　　　　　　　图 10-65

（11）使用"横排文字工具"在画面的右下角依次添加文字，并为部分文字设置"仿斜体"效果，如图 10-66 所示。接着使用"矩形工具"，在选项栏中设置绘制模式为"形状"，"填充"为渐变，编辑一个灰色系的渐变，设置渐变类型为"线性渐变"，设置圆角半径为 5 像素，设置完成后在文字中间位置绘制一个圆角矩形，如图 10-67 所示。

图 10-66　　　　　　　　图 10-67

（12）圆角矩形绘制完成后，继续使用工具箱中的"横排文字工具"在矩形上方添加文字。案例完成效果如图 10-68 所示。

图 10-68

10.4　项目实例：唯美风格女包主图

文件路径	资源包 \ 第 10 章 \ 项目实例：唯美风格女包主图
难易指数	★★★★★
技术掌握	渐变工具、钢笔工具、画笔工具、高斯模糊、图层样式

案例效果

案例效果如图 10-69 所示。

图 10-69

10.4.1　创意解析

本案例为设计女包主图，画面追求唯美、优雅之感。版面采用中心型的构图方式，将商品放于整个画面的中心位置，最大限度地展示了商品。为了丰富画面的色彩，将两种颜色以倾斜的方式拼接成背景，形成了柔和的冷暖对比感，增强了画面的视觉冲击力。添加了花朵作为背景中的装饰元素，同时为了不影响前景商品的展现，花朵元素添加了"高斯模糊"滤镜。添加模糊效果后的背景被"弱化"，使前景中的商品更突出的同时，增强了画面的空间感。

10.4.2　制作双色背景

（1）执行"文件"→"新建"命令，创建一个空白文档，如图 10-70 所示。

扫一扫，看视频

图 10-70

（2）单击工具箱中的"渐变工具"，单击选项栏中的渐变色条，在弹出的"渐变编辑器"对话框中编辑一个橘色系的渐变，颜色编辑完成后单击"确定"按钮，接着在选项栏中单击"线性渐变"按钮，如图 10-71 所示。在"图层"面板中选中"背景"图层，回到画面中按住鼠标左键从左上至右下拖动填充渐变，释放鼠标后完成渐变填充操作，如图 10-72 所示。

图 10-71　　　　　　图 10-72

（3）单击工具箱中的"钢笔工具"，在选项栏中设置绘制模式为"形状"，在画面的右下方沿着画板的边缘绘制一个图形，如图 10-73 所示。在保持选中图形的状态下，单击"填充"下拉按钮，在下拉面板中单击"渐变"按钮，编辑一个蓝色系的渐变，选择"线性渐变"，设置"渐变角度"为 126 度。接着回到选项栏中设置"描边"为无，效果如图 10-74 所示。

图 10-73

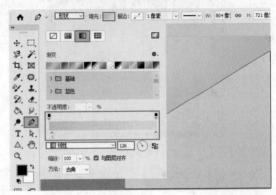

图 10-74

（4）创建一个新图层，单击工具箱中的"画笔工具"按钮，在选项栏中单击打开"画笔预设选取器"，在下拉面板中选择一个"柔边圆"画笔，设置"画笔大小"为 600 像素，设置"硬度"为 0%，如图 10-75 所示。在工具箱底部设置前景色为白色，选择刚创建的空白图层，在画面中间位置单击，绘制出一个较大的圆点，如图 10-76 所示。

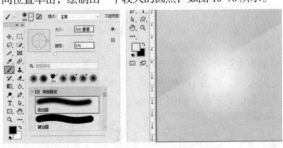

图 10-75　　　　　　图 10-76

10.4.3　添加文字及商品

（1）为画面添加主体文字。单击工具箱中的"横排文字工具"，在选项栏中设置合适的字体、字号，文字颜色设置为粉红色，

扫一扫，看视频

在顶部单击建立文字输入的起点，接着输入文字。文字输入完成后按快捷键 Ctrl+Enter，如图 10-77 所示。继续使用同样的方法制作下方稍小一些的白色文字，如图 10-78 所示。

（2）执行"文件"→"置入嵌入对象"命令，置入背景花朵素材 1.png，将其旋转并调整至合适的大小，按 Enter 键完成置入，如图 10-79 所示。

图 10-77

图 10-78

图 10-79

（3）在"图层"面板中选择花朵素材，执行"滤镜"→"模糊"→"高斯模糊"命令，在打开的"高斯模糊"对话框中设置"半径"为 3.5 像素，设置完成后单击"确定"按钮，如图 10-80 所示。将模糊后的花朵素材移动至画面的右下角，如图 10-81 所示。

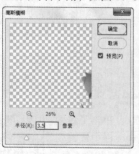

图 10-80

图 10-81

（4）再次向画面中置入背景花朵素材，右击，在弹出的快捷菜单中选择"水平翻转"命令，接着将其旋转并调整至合适的大小，如图 10-82 所示，按 Enter 键完成置入。选中刚置入的背景花朵素材，继续执行"滤镜"→"模糊"→"高斯模糊"命令，设置其"半径"为 5.1 像素，设置完成后单击"确定"按钮，如图 10-83 所示。将模糊后的背景花朵素材移动至画面的左侧，如图 10-84 所示。

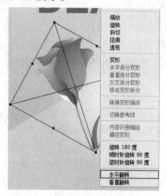

图 10-82

图 10-83

图 10-84

（5）在"图层"面板中选中刚制作完成的花朵图层，使用快捷键 Ctrl+J 将此图层复制一份，如图 10-85 所示。双击刚复制的素材图层下方的"高斯模糊"滤镜，在弹出的"高斯模糊"对话框中设置"半径"为 7.2 像素，设置完成后单击"确定"按钮，如图 10-86 所示。接着使用"自由变换"快捷键 Ctrl+T 将其缩小并旋转，然后放在底部，调整完毕按 Enter 键结束变换，效果如图 10-87 所示。

中文版 Photoshop 电商美工设计从入门到实战（全程视频版）（下册）

图 10-85

图 10-86

图 10-87

（6）继续使用同样的方法将最后一个背景花朵素材复制出来，在"高斯模糊"对话框中设置"半径"为5.1像素，将其缩小并旋转至合适的角度放置在画面中合适的位置，如图10-88所示。

（7）继续向画面中置入商品素材图片，如图10-89所示。

图 10-88

图 10-89

（8）单击工具箱中的"横排文字工具"，在选项栏中设置合适的字体、字号，将文字颜色设置为白色，设置完成后在画面下方单击建立文字输入的起点，接着输入文字，文字输入完成后按快捷键 Ctrl+Enter，如图10-90所示。

（9）选中文字图层，执行"图层"→"图层样式"→"投影"命令，设置投影的"混合模式"为"正片叠底"，颜色为黑色，"不透明度"为18%，"角度"为120度，"大小"为8像素，参数设置如图10-91所示。设置完成后单击"确定"按钮，效果如图 10-92 所示。

（10）添加其他文字，案例完成效果如图 10-93 所示。

图 10-90

图 10-91

图 10-92

图 10-93

10.5 项目实例：女装服饰促销主图

文件路径	资源包 \ 第10章 \ 项目实例：女装服饰促销主图
难易指数	★★★★★
技术掌握	椭圆工具、图层样式、钢笔工具、横排文字工具

案例效果

案例效果如图 10-94 所示。

图 10-94

10.5.1 创意解析

本案例为设计女装服饰促销主图，向左倾斜的人物不仅位于画面的视觉中心，还给人一种活泼之感。同时背景中还增添了几何图案的运用，既与模特的衣着、神态相呼应，又给人一种活泼、时尚的视觉感受。画面采用淡粉色为主色调，搭配淡蓝色、黄色，凸显女性的可爱与活泼。

10.5.2 制作几何感背景

扫一扫，看视频

（1）执行"文件"→"新建"命令，创建一个空白文档，如图 10-95 所示。

图 10-95

（2）为背景填充颜色。单击工具箱底部的前景色按钮，在弹出的"拾色器（前景色）"对话框中设置颜色为浅粉色，单击"确定"按钮，如图 10-96 所示。在"图层"面板中选择"背景"图层，使用"前景色填充"快捷键 Alt+Delete 进行填充，效果如图 10-97 所示。

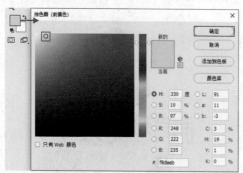

图 10-96

图 10-97

（3）使用工具箱中的"椭圆工具"，在选项栏中设置绘制模式为"形状"，"填充"为黄色，"描边"为无。设置完成后在画面中按住快捷键 Shift+Alt 的同时按住鼠标左键拖动，绘制一个正圆形，如图 10-98 所示。在"图层"面板中选中黄色正圆形图层，使用快捷键 Ctrl+J 复制出一个相同的图层到画面中，将其向右下方移动并摆放至合适的位置，如图 10-99 所示。在选项栏中设置"填充"为粉色，如图 10-100 所示。

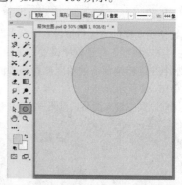

图 10-98

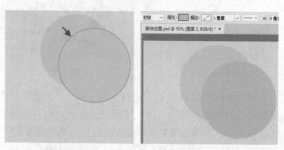

图 10-99　　　　　　　　图 10-100

（4）导入图案素材，执行"窗口"→"图案"命令，打开"图案"面板，找到图案素材文件，然后按住鼠标左键将其拖动至"图案"面板上方，如图 10-101 所示。释放鼠标后即可将图案素材导入"图案"面板，如图 10-102 所示。

（5）在"图层"面板中选中粉色正圆形图层，执行"图层"→"图层样式"→"图案叠加"命令，在"图层样式"对话框中设置"混合模式"为"正常"，"不透明度"为27%，设置合适的图案，"缩放"为11%，参数设置如图10-103所示。设置完成后单击"确定"按钮，效果如图10-104所示。

（6）继续使用同样的方法绘制出前方的蓝色正圆形，如图10-105所示。

图 10-101	图 10-102

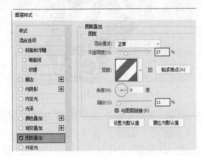

图 10-103

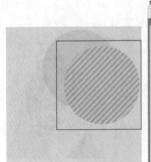

图 10-104	图 10-105

10.5.3　添加主体内容

（1）执行"文件"→"置入嵌入对象"命令，将人物素材置入画面，调整其大小及位置后按 Enter 键完成置入。在"图层"面板中右

扫一扫，看视频

击该图层，在弹出的快捷菜单中执行"栅格化图层"命令，如图 10-106 所示。

（2）单击工具箱中的"钢笔工具"，在选项栏中设置绘制模式为"路径"，接着沿人物轮廓绘制路径，如图 10-107 所示。路径绘制完成后按快捷键 Ctrl+Enter 快速将路径转换为选区，如图 10-108 所示。在"图层"面板中选中人物素材，单击面板下方的"添加图层蒙版"按钮，此时选区以外的部分被隐藏，如图 10-109 所示。

图 10-106	图 10-107

图 10-108

图 10-109

（3）人物胳膊中间还有一部分需要隐藏。继续使用"钢笔工具"绘制路径，绘制完成后按快捷键 Ctrl+Enter 转换为选区，如图 10-110 所示。接着设置前景色为黑色，单击"图层"面板中人物素材的图层蒙版，使用"前景色填充"快捷键 Alt+Delete 进行填充，效果如图 10-111 所示。

图 10-110 图 10-111

（4）为人物素材调整亮度。执行"图层"→"新建调整图层"→"亮度 / 对比度"命令，设置"亮度"为61，"对比度"为 –3，单击面板下方的 按钮使调色效果只针对下方图层，如图 10-112 所示，效果如图 10-113所示。

图 10-112 图 10-113

（5）将人物素材上不需要调亮的地方隐藏"亮度 / 对比度"的效果。使用"画笔工具"，在选项栏中单击打开"画笔预设选取器"，在下拉面板中选择一个"柔边圆"画笔，设置"画笔大小"为 50 像素，"硬度"为 0%，如图 10-114 所示。设置前景色为黑色，选中"亮度 / 对比度"图层的图层蒙版，在画面中帽檐下方及手肘下方按住鼠标左键拖动进行涂抹，如图 10-115 所示。

图 10-114

图 10-115

（6）单击工具箱中的"横排文字工具"，在选项栏中设置合适的字体、字号，文字颜色设置为白色，设置完成后在画面中的合适位置单击建立文字输入的起点，输入文字，文字输入完成后按快捷键 Ctrl+Enter，如图 10-116 所示。

图 10-116

（7）在"图层"面板中选中文字图层，执行"图层"→"图层样式"→"描边"命令，在"图层样式"对话框中设置"大小"为 10 像素，"位置"为"外部"，"混合模式"为"正常"，"不透明度"为 100%，"填充类型"为"颜色"，"颜色"为暗红色，参数设置如图 10-117 所示。设置完成后单击"确定"按钮，效果如图 10-118 所示。

图 10-117 图 10-118

（8）单击工具箱中的"矩形工具"，在选项栏中设置绘制模式为"形状"，"填充"为白色，"描边"为无。设置完成后在画面的下方按住鼠标左键拖动绘制出一个矩形，如图 10-119 所示。

（9）继续使用刚才制作文字的方法制作下方两组文字，如图 10-120 所示。

图 10-119　　　　　　　　图 10-120

（10）为画面添加装饰图形。执行"窗口"→"形状"命令，打开"形状"面板，单击"面板菜单"按钮执行"旧版图案及其他"命令，如图 10-121 所示。在工具箱中选择"自定形状工具"，接着在选项栏中设置绘制模式为"形状"，"填充"为红色，"描边"为无，单击"形状"下拉按钮，在下拉面板中的"旧版图案及其他"组中打开"箭头"形状组，选择合适的形状。设置完成后在画面的左侧按住 Shift 键的同时按住鼠标左键拖动绘制一个箭头图形，如图 10-122 所示。接着使用"自由变换"快捷键 Ctrl+T，将其旋转至合适的角度，如图 10-123 所示。图形调整完成后按 Enter 键结束变换。

（11）在"图层"面板中选中红色箭头图层，使用快捷键 Ctrl+J 复制出一个相同的图层，将其移动至画面的右侧，然后旋转至合适的角度，如图 10-124 所示。使用"路径选择工具"选中复制的箭头，在选项栏中设置"填充"为黄色，如图 10-125 所示。

（12）使用工具箱中的"椭圆工具"，在选项栏中设置绘制模式为"形状"，"填充"为蓝色，"描边"为无。设置完成后在画面左侧按住快捷键 Shift+Alt 的同时按住鼠标左键拖动绘制一个正圆形，如图 10-126 所示。

图 10-121　　　　　　　　图 10-122

图 10-123　　　　　　　　图 10-124

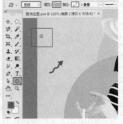

图 10-125　　　　　　　　图 10-126

（13）继续使用同样的方法将画面中的其他小圆点绘制出来，如图 10-127 所示。案例完成效果如图 10-128 所示。

图 10-127　　　　　　　　图 10-128

10.6　项目实例：炫酷风格耳机主图

文件路径	资源包 \ 第 10 章 \ 项目实例：炫酷风格耳机主图
难易指数	⭐⭐⭐⭐⭐
技术掌握	渐变工具、矩形工具、横排文字工具、智能锐化、阴影 / 高光

案例效果

案例效果如图 10-129 所示。

图 10-129

10.6.1　创意解析

　　本案例为设计耳机主图，画面既展示了商品，又通过具有力量感的艺术字展示了商品的卖点，兼具美感与视觉冲击力。数码商品通常会突出科技感与高端感，此处主图整体采用了低明度的深蓝色，用画面的明暗过渡营造空间感。同时画面还运用了九宫格构图法将商品与标题文字摆放在九宫格的交叉点上，以增强画面的吸引力。

10.6.2　制作背景与商品

扫一扫，看视频

　　（1）新建一个空白文档，新建图层，使用"渐变工具"，打开"渐变编辑器"对话框编辑青蓝色系的渐变，如图10-130所示。设置渐变类型为"线性渐变"，在画面中按住鼠标左键拖动进行填充，如图10-131所示。

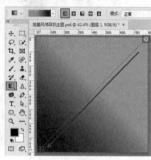

图10-130　　　　　　　　图10-131

　　（2）选择渐变图层，为该图层添加图层蒙版。将前景色设置为黑色，选择"画笔工具"，选择柔边圆笔尖，设置合适的笔尖大小，设置"不透明度"为10%，选中图层蒙版，在画面右上方涂抹，如图10-132所示。新建图层，使用"多边形套索工具"，在画面顶部绘制四边形，将选区填充为白色，如图10-133所示。使用快捷键Ctrl+D取消选区的选择。

图10-132　　　　　　　　图10-133

　　（3）选中白色四边形图层，执行"图层"→"图层样式"→"图案叠加"命令，在弹出的"图层样式"

对话框中设置"混合模式"为"正片叠底"，"不透明度"为100%，设置合适的图案，"缩放"为50%，如图10-134所示。设置完成后单击"确定"按钮，效果如图10-135所示。

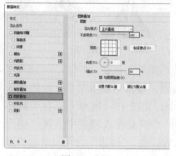

图10-134　　　　　　　　图10-135

　　🔍 **提示：如何找到此处使用的图案？**

　　打开"图案"面板，单击"面板菜单"按钮，执行"旧版图案及其他"命令，将旧版图案导入"图案"面板，如图10-136所示。接着在"图层样式"对话框中单击图案后侧的"倒三角"按钮，展开"旧版图案及其他"→"旧版图案"→"图案"图案组，即可找到相应的图案，如图10-137所示。

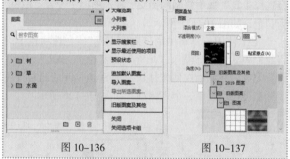

图10-136　　　　　　　　图10-137

　　（4）选择白色四边形图层，设置该图层的"填充"为0%，如图10-138所示。此时画面效果如图10-139所示。

图10-138　　　　　　　　图10-139

中文版 Photoshop 电商美工设计从入门到实战（全程视频版）（下册）

（5）将键盘素材置入文档，放置在画面的右下方，并将图层栅格化，如图 10-140 所示。接着需要压暗键盘上半部分的亮度，新建图层，使用"多边形套索工具"绘制键盘的大致选区，如图 10-141 所示。

图 10-140   图 10-141

（6）新建图层，使用"渐变工具"，打开"渐变编辑器"对话框，编辑一个由黑色到透明的渐变，如图 10-142 所示。设置完成后在选区内按住鼠标左键拖动进行填充，填充完成后使用快捷键 Ctrl+D 取消选区的选择，如图 10-143 所示。

图 10-142   图 10-143

（7）选中黑色渐变图层，右击执行"创建剪贴蒙版"命令，以键盘图层为基底图层创建剪贴蒙版，效果如图 10-144 所示。

图 10-144

（8）设置黑色渐变图层的"混合模式"为"实色混合"，"不透明度"为 50%，如图 10-145 所示。此时键盘效果如图 10-146 所示。

图 10-145   图 10-146

（9）新建图层，将前景色设置为黑色，选择"画笔工具"，选择柔边圆笔尖，设置一个较大的笔尖大小，在画面边缘的位置绘制暗角效果，如图 10-147 所示。

（10）将耳机素材置入文档，并适当地进行旋转，如图 10-148 所示。

图 10-147   图 10-148

（11）选中该图层，执行"滤镜"→"锐化"→"智能锐化"命令，在弹出的"智能锐化"对话框中设置"数量"为 200%，"半径"为 2.0 像素，"减少杂色"为 20%，"移去"为"高斯模糊"，设置完成后单击"确定"按钮，如图 10-149 所示。此时画面效果如图 10-150 所示。

图 10-149   图 10-150

（12）使用"阴影 / 高光"命令还原商品暗部细节。选中商品图层，执行"图像"→"调整"→"阴影 / 高光"命令，设置"阴影"的"数量"为 15%，如图 10-151 所示。设置完成后单击"确定"按钮，效果如图 10-152 所示。

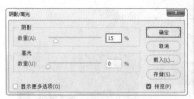

图 10-151 图 10-152

（13）制作商品外侧蓝色的发光效果。选中商品图层，执行"图层"→"图层样式"→"外发光"命令，设置"外发光"的"混合模式"为"滤色"，"不透明度"为60%，颜色为蓝色，"方法"为"柔和"，"扩展"为14%，"大小"为62像素，"范围"为74%，"抖动"为94%，参数设置如图10-153所示。设置完成后单击"确定"按钮，效果如图10-154所示。

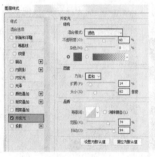

图 10-153 图 10-154

（14）提亮商品暗部区域。新建一个"曲线"调整图层，在曲线的中间调位置添加控制点后并向左上方拖动，单击 按钮使调色效果只针对商品图层，如图10-155所示。此时画面效果如图10-156所示。

图 10-155 图 10-156

（15）单击选中"曲线"调整图层的图层蒙版，将前景色设置为黑色，选中"画笔工具"，使用柔边圆画笔在耳机位置红圈范围以外的区域涂抹，只保留红圈范围

内的调色效果，效果如图10-157所示。

图 10-157

10.6.3 制作宣传文字

（1）使用"横排文字工具"，在画面中单击插入光标，然后输入文字，如图10-158所示。选中文字图层，使用"自由变换"快捷键Ctrl+T，右击执行"斜切"命令，将光标移动到上方中间位置的控制点上，拖动进行斜切变形，如图10-159所示。

图 10-158 图 10-159

（2）右击执行"旋转"命令，将文字进行旋转，如图10-160所示。旋转完成后按Enter键确定变换操作。

图 10-160

（3）选中文字图层，执行"图层"→"图层样式"→"图案叠加"命令，设置"图案叠加"的"混合模式"为"颜色叠加"，"不透明度"为100%，选择合适的图案，"缩放"为50%，参数设置如图10-161所示。单击勾选"投影"，设置"投影"的"混合模式"为"正片叠底"，颜色为黑色，

"不透明度"为40%，"角度"为120度，"距离"为1像素，"大小"为4像素，参数设置如图10-162所示。设置完成后单击"确定"按钮，效果如图10-163所示。

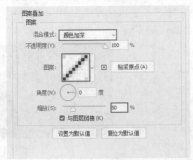

图10-161

图10-162　　　　　图10-163

（4）将光效素材置入文档并覆盖住文字，将图片栅格化。选中光效素材图层，设置"混合模式"为"滤色"，效果如图10-164所示。选中光效素材图层，右击执行"创建剪贴蒙版"命令，文字效果如图10-165所示。

图10-164　　　　　图10-165

（5）继续使用"横排文字工具"添加文字，进行斜切变形后旋转，如图10-166所示。选中文字图层，执行"图层"→"图层样式"→"投影"命令，设置"混合模式"为"正片叠底"，颜色为黑色，"不透明度"为40%，"角度"为120度，"距离"为1像素，"大小"为4像素，参数设置如图10-167所示。设置完成后单击"确定"按钮，效果如图10-168所示。

（6）制作文字下方的底色。按住快捷键Ctrl+Shift依次单击两个文字图层的缩览图加选文字图层的选区，如图10-169所示。接着执行"选择"→"修改"→"扩展选区"命令，在弹出的"扩展选区"对话框中设置"扩

展量"为5像素，如图10-170所示。设置完成后单击"确定"按钮，选区效果如图10-171所示。

图10-166　　　　　图10-167

图10-168　　　　　图10-169

图10-170

图10-171

（7）在两个文字图层的下一层新建图层，将前景色设置为淡蓝色，使用快捷键Alt+Delete进行填充。使用快捷键Ctrl+D取消选区的选择。此时文字效果如图10-172所示。

（8）选中淡蓝色文字底色图层，执行"图层"→"图层样式"→"内发光"命令，设置"内发光"的"混合模式"为"强光"，"不透明度"为66%，颜色为淡紫色，"方法"为"柔和"，"源"为"边缘"，"阻塞"为2%，"大小"为6像素，参数设置如图10-173所示。在样式列表中选择"投影"样式，设置"投影"的"混合模式"为"正常"，颜色为蓝灰色，"角度"为120度，"距离"为1像素，"大小"为6像素，参数设置如图10-174所示。设置完

成后单击"确定"按钮，文字效果如图 10-175 所示。

图 10-172　　　　　图 10-173

图 10-174　　　　　图 10-175

（9）制作文字整体的底色。使用"钢笔工具"，设置绘制模式为"形状"，"填充"为深蓝色，"描边"为无，沿着文字边缘绘制图形。图形绘制完成后将该图层移动至淡蓝色文字底色图层的下一层。此时文字效果如图 10-176 所示。

图 10-176

（10）为深蓝色底色添加纹理。再次将光效素材置入文档，并放置在深蓝色底色图层的上一层，设置"混合模式"为"滤色"，如图 10-177 所示。右击执行"创建剪贴蒙版"命令，效果如图 10-178 所示。

图 10-177　　　　　图 10-178

（11）选中深蓝色底色图层，执行"图层"→"图层样式"→"投影"命令，设置投影的"混合模式"为"正常"，颜色为白色，"不透明度"为 100%，"角度"为 120 度，"距离"为 9 像素，参数设置如图 10-179 所示。此时投影效果如图 10-180 所示。

图 10-179　　　　　图 10-180

（12）新建图层，将前景色设置为白色，使用"画笔工具"，选择柔边圆笔尖，大小为 175 像素，在画面中单击，如图 10-181 所示。接着使用"自由变换"快捷键 Ctrl+T，按住 Shift 键拖动控制点进行缩放，接着拖动控制点将光效进行旋转，效果如图 10-182 所示。

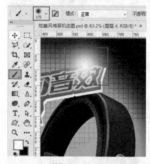

图 10-181　　　　　图 10-182

（13）选中制作的光效图层，使用快捷键 Ctrl+J 将光效图层复制一份，移动至另外一组文字上方，效果如图 10-183 所示。

图 10-183

（14）此时大标题文字就制作完成了，可以加选制作大标题文字的图层，使用快捷键 Ctrl+G 进行编组。将图层组移动到产品图层的下一层，制作出商品遮挡文字的效果，如图 10-184 和图 10-185 所示。

图 10-184　　　　　　　　图 10-185

（15）选择"图层"面板中最顶部的图层，使用"钢笔工具"，设置绘制模式为"形状"，"填充"为蓝灰色，在标题文字的下方绘制四边形，如图 10-186 所示。使用"横排文字工具"输入文字后，按照四边形的角度进行斜切操作，并移动到图形上方，效果如图 10-187 所示。

图 10-186　　　　　　　　图 10-187

（16）使用"矩形工具"，设置绘制模式为"形状"，"填充"为渐变，渐变为橘黄色系，设置渐变类型为"线性渐变"，角度为 90 度，在画面的左下角位置绘制矩形，如图 10-188 所示。

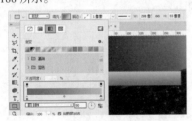

图 10-188

（17）继续使用"矩形工具"绘制一个稍小的矩形，在选项栏中设置"填充"为蓝灰色，如图 10-189 所示。使用"钢笔工具"在矩形的右侧绘制相同颜色的三角形，如图 10-190 所示。

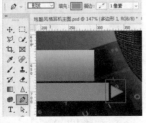

图 10-189　　　　　　　　图 10-190

（18）使用工具箱中的"横排文字工具"依次在矩形上方添加文字，如图 10-191 所示。选中数字，打开"字符"面板，单击"仿斜体"按钮，制作出倾斜的文字，如图 10-192 所示。

图 10-191　　　　　　　　图 10-192

（19）加选画面左下方的文字和形状图层，使用快捷键 Ctrl+G 进行编组，然后将图层组移动至暗角图层下层，此时图层关系如图 10-193 所示。此时画面效果如图 10-194 所示。案例完成效果如图 10-195 所示。

图 10-193

图 10-194　　　　　　　　图 10-195

10.7 项目实例：双色食品主图

文件路径	资源包 \ 第10章 \ 项目实例：双色食品主图
难易指数	⭐⭐⭐⭐⭐
技术掌握	渐变工具、多边形套索工具、横排文字工具、混合模式、钢笔工具

案例效果

案例效果如图 10-196 所示。

图 10-196

10.7.1 创意解析

本案例为设计双色食品主图，温暖的黄色搭配清新的绿色，整体给人一种健康、天然的视觉感受，非常符合商品的定位。画面应用九宫格构图法，将商品与主体文字分别放于左右两侧的交叉点上，不仅均衡了画面的视觉效果，还有利于受众接收信息。

10.7.2 美化商品

扫一扫，看视频

（1）新建一个长、宽均为 800 像素的空白文档，单击选择工具箱中的"渐变工具"，打开"渐变编辑器"对话框，编辑一个黄色系的渐变，如图 10-197 所示。渐变编辑完成后，在选项栏中设置渐变类型为"径向渐变"，然后在画面中按住鼠标左键拖动进行填充，如图 10-198 所示。

图 10-197

图 10-198

（2）置入背景素材 1.jpg，并将图层栅格化，如图 10-199 所示。设置该图层的"混合模式"为"柔光"，"不透明度"为 80%，如图 10-200 所示，效果如图 10-201所示。

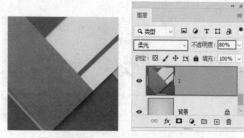

图 10-199　　　　图 10-200

图 10-201

（3）新建图层，将前景色设置为白色，使用"画笔工具"，在"画笔预设选取器"中选择一个柔边圆笔尖，"大小"为 400 像素，在画面的右下方单击进行绘制。如图 10-202 所示。在"图层"面板中将该图层的"不透明度"设置为 50%，如图 10-203 所示。此时画面效果如图 10-204 所示。

图 10-202

图 10-203

图 10-204

中文版 Photoshop 电商美工设计从入门到实战（全程视频版）（下册）

（4）将商品素材 2 置入文档，并将图层栅格化。使用"多边形套索工具"沿着商品边缘绘制选区，如图 10-205 所示。接着单击"图层"面板底部的"添加图层蒙版"按钮，为该图层添加图层蒙版，选区以外的部分被隐藏，效果如图 10-206 所示。

图 10-205　　　　　　　图 10-206

（5）选中商品图层，新建"曲线"调整图层，在曲线的中间调位置添加控制点并向左上方拖动，如图 10-207 所示。单击"属性"面板底部的 按钮创建剪贴蒙版，如图 10-208 所示。

图 10-207　　　　　　　图 10-208

（6）置入树叶素材 3.png，调整大小后移动至商品图层的下一层，如图 10-209 所示。选中树叶图层，新建一个"曲线"调整图层，增强对比度，单击"属性"面板底部的 按钮创建剪贴蒙版，如图 10-210 所示。此时树叶效果如图 10-211 所示。

图 10-209

图 10-210　　　　　　　图 10-211

（7）加选树叶和上方的"曲线"调整图层，使用快捷键 Ctrl+J 将所选图层复制一份，在加选的状态下使用"自由变换"快捷键 Ctrl+T，右击执行"水平翻转"命令，如图 10-212 所示。接着将加选的两个图层向左移动，并适当地放大，如图 10-213 所示。调整完成后按 Enter 键确定变换操作。

图 10-212　　　　　　　图 10-213

10.7.3　添加商品信息文字

（1）使用"横排文字工具"，在画面中单击插入光标，在选项栏中设置合适的字体、字号，输入文字，如图 10-214 所示。选中文字图层，使用"自由变换"快捷键 Ctrl+T，拖动控制点将文字适当地进行旋转，如图 10-215 所示。变换完成后按 Enter 键确定变换操作。

图 10-214　　　　　　　图 10-215

（2）选中文字图层，执行"图层"→"图层样式"→"外发光"命令，设置"外发光"的"混合模式"为"正常"，

"不透明度"为74%,颜色为绿色,"方法"为"柔和","扩展"为33%,"大小"为16像素,"范围"为74%,"抖动"为94%,参数设置如图10-216所示。在左侧的样式列表中单击选择"描边",设置"大小"为7像素,"位置"为"外部","混合模式"为"正常","填充类型"为"颜色","颜色"为嫩绿色,如图10-217所示。设置完成后单击"确定"按钮,文字效果如图10-218所示。

(3)选中文字图层,使用快捷键Ctrl+J将图层复制一份。双击该图层的图层样式,重新打开"图层样式"对话框。进入"外发光"参数设置页面,将"颜色"更改为深绿色,"扩展"为14%,"大小"为9像素,如图10-219所示。打开"描边"参数设置页面,设置"大小"为2像素,"位置"为"外部","混合模式"为"正常","填充类型"为"颜色","颜色"为稍深的嫩绿色,参数设置如图10-220所示。设置完成后单击"确定"按钮,效果如图10-221所示。

图 10-216

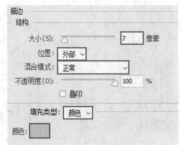
图 10-217

图 10-218

图 10-219

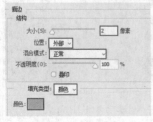
图 10-220

图 10-221

(4)制作下一组文字,由于文字的图层样式是相同的,所以只需要更改文字内容和字号即可。加选两个文字图层,使用快捷键Ctrl+J将图层复制一份,如图10-222所示。接着将文字整体向下移动,更改文字内容后调小字号,效果如图10-223所示。

(5)继续使用"横排文字工具",在下方区域添加文字,如图10-224所示。

图 10-222

图 10-223

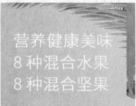
图 10-224

(6)制作文字前方的图形。使用"椭圆工具",在选项栏中设置绘制模式为"形状","填充"为白色,在文字的左侧位置绘制正圆形,如图10-225所示。在不选中任何矢量图层的情况下,使用"自定形状工具",在选项栏中设置绘制模式为"形状","填充"为红色,在"形状"下拉面板中找到"旧版默认形状"中的"复选图标",在白色正圆形上方绘制图形,如图10-226所示(如果列表中没有该组形状,可以在"形状"面板菜单中执行"旧版形状及其他"命令,载入旧版形状)。

图 10-225

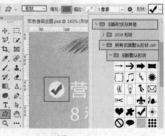
图 10-226

中文版 Photoshop 电商美工设计从入门到实战(全程视频版)(下册)

（7）加选这两个图层，使用快捷键 Ctrl+J 进行复制，并向下移动，为另外两组文字添加图标，效果如图 10-227 所示。

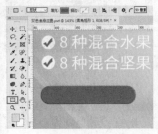

图 10-227

（8）使用"矩形工具"，设置绘制模式为"形状"，"填充"为红色，"半径"为 50 像素，设置完成后在文字下方按住鼠标左键拖动绘制圆角矩形，如图 10-228 所示。继续使用"椭圆工具"，在圆角矩形左侧位置绘制正圆形，如图 10-229 所示。

图 10-228　　　　　　　图 10-229

（9）使用"钢笔工具"，设置绘制模式为"形状"，"填充"为红色，在白色正圆形上方绘制三角形，效果如图 10-230 所示。继续使用"横排文字工具"在红色圆角矩形上方添加文字，如图 10-231 所示。

图 10-230　　　　　　　图 10-231

（10）使用"钢笔工具"，在选项栏中设置绘制模式为"形状"，"填充"为绿色，设置完成后在画面的左上角绘制四边形，如图 10-232 所示。选中该图层，设置该图层的"不透明度"为 30%，如图 10-233 所示。

图 10-232　　　　　　　图 10-233

（11）选中四边形图层，使用快捷键 Ctrl+J 复制一份，将该图层的不透明度设置为 100%，向左侧平移，效果如图 10-234 所示。接着使用"横排文字工具"在图形上方添加文字，如图 10-235 所示。

图 10-234　　　　　　　图 10-235

（12）使用"矩形工具"，设置绘制模式为"形状"，"填充"为深绿色，"描边"为白色，描边粗细为 10 像素，在画面底部绘制一个矩形，该矩形需要绘制得大一些，在画面中只露出填色和顶部白色描边，如图 10-236 所示。最后使用"横排文字工具"在画面底部添加文字，效果如图 10-237 所示。

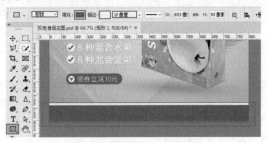

图 10-236

图 10-237

10.8 项目实例：光效运动鞋主图

文件路径	资源包 \ 第 10 章 \ 项目实例：光效运动鞋主图
难易指数	★★★★★
技术掌握	钢笔工具、横排文字工具、矩形工具、混合模式、图层蒙版

案例效果

案例效果如图 10-238 所示。

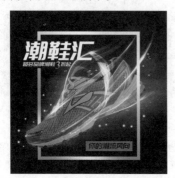

图 10-238

10.8.1 创意解析

本案例为设计运动鞋淘宝主图。本案例紧扣"运动"这一主题，采用对角线构图的版式将倾斜的鞋子摆放在对角线上，给人一种运动中的视觉感受。同时画面还运用了具有方向感的线条，进一步增强了画面的炫酷与动感。用黑色背景来衬托紫色的鞋子和金色的线条，既具有较强的视觉冲击力，又给人一种时尚、华丽、个性的视觉感受。

10.8.2 制作带有光效的商品

扫一扫，看视频

（1）新建一个空白文档，将前景色设置为黑色，使用快捷键 Alt+Delete 进行填充，如图 10-239 所示。置入运动鞋素材，右击图层，执行"栅格化"命令，使用"自由变换"快捷键 Ctrl+T，调整大小后摆放在画面中的合适位置。使用"钢笔工具"，在选项栏中设置绘制模式为"路径"，沿着鞋子的边缘绘制路径，如图 10-240 所示。

图 10-239

图 10-240

（2）路径绘制完成后使用快捷键 Ctrl+Enter 将路径转换为选区，基于当前选区为该图层添加图层蒙版，如图 10-241 所示。使用"自由变换"快捷键 Ctrl+T 进行旋转，如图 10-242 所示。变换完成后按 Enter 键确定变换操作。

图 10-241   图 10-242

（3）选中鞋子图层，使用快捷键 Ctrl+J 将鞋子图层复制一份。选择位于底部的鞋子图层，在图层蒙版上右击执行"应用图层蒙版"命令。执行"滤镜"→"模糊"→"动感模糊"命令，在弹出的"动感模糊"对话框中设置"角度"为 0 度，"距离"为 1206 像素，如图 10-243 所示。设置完成后单击"确定"按钮，此时画面效果如图 10-244 所示。

图 10-243

图 10-244

（4）为动感模糊的图层添加图层蒙版，选中图层蒙版，将前景色设置为黑色，选择"画笔工具"，设置合适的笔尖大小，在画面的左右两侧涂抹，隐藏动感模糊效果，如图 10-245 所示。图层蒙版中的黑白关系如图 10-246 所示。

中文版 Photoshop 电商美工设计从入门到实战（全程视频版）（下册）

图 10-245　　　　　　　　图 10-246

（5）置入光效素材，并将图层栅格化，设置该图层的"混合模式"为"滤色"，如图 10-247 所示。接着使用"自由变换"快捷键 Ctrl+T，根据鞋子的方向适当地进行旋转，旋转完成后按 Enter 键确定变换操作，效果如图 10-248 所示。

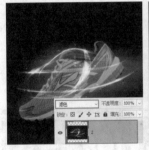

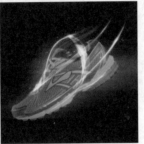

图 10-247　　　　　　　　图 10-248

（6）在鞋跟位置添加光效，只需要将现有的光效复制一份。选中光效素材图层，使用"自由变换"快捷键 Ctrl+T，适当旋转并移动位置，如图 10-249 所示。接着使用"橡皮擦工具"将其他区域擦除，只保留鞋底位置的光效，如图 10-250 所示。

图 10-249　　　　　　　　图 10-250

（7）置入光效素材 3.jpg，并将图层栅格化，设置该图层的"混合模式"为"滤色"，如图 10-251 所示，效果如图 10-252 所示。

图 10-251　　　　　　　　图 10-252

（8）置入光效素材 4.jpg，并将图层栅格化，设置该图层的"混合模式"为"滤色"，如图 10-253 所示。接着适当地进行放大并旋转，使其覆盖住鞋子，效果如图 10-254 所示。

图 10-253　　　　　　　　图 10-254

（9）为该图层添加图层蒙版，将前景色设置为黑色，使用柔边圆画笔在图层蒙版中涂抹，只保留鞋子边缘的火焰效果。图层蒙版中的黑白关系如图 10-255 所示。此时画面效果如图 10-256 所示。

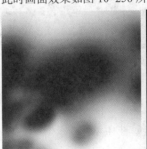

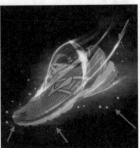

图 10-255　　　　　　　　图 10-256

（10）选中火焰图层，新建"曲线"调整图层，调整曲线形状，增强对比度，单击按钮创建剪贴蒙版，如图 10-257 所示。此时火焰的颜色会变得更加鲜艳，效果如图 10-258 所示。

图 10-257　　　　　　　图 10-258

10.8.3　使用文字及图形装饰版面

扫一扫，看视频

（1）使用"矩形工具"，在选项栏中设置绘制模式为"形状"，"填充"为无，描边为"渐变"，编辑一个金色系的渐变，设置渐变类型为"线性"，"角度"为58度，设置完成后在画面中按住鼠标左键拖动绘制矩形，如图 10-259 所示。

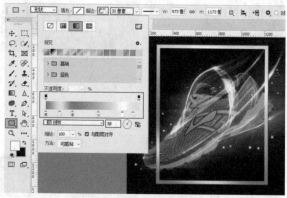

图 10-259

（2）为矩形图层添加图层蒙版，使用"矩形选框工具"在矩形的左上角位置绘制一个矩形选区，如图 10-260 所示。接着选中图层蒙版，将选区填充为黑色，隐藏选区中的像素。此时画面效果如图 10-261 所示。

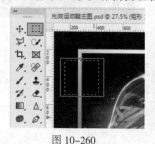　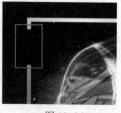

图 10-260　　　　　　　图 10-261

（3）选中图层蒙版，将前景色设置为黑色，使用"画笔工具"，选择一个硬边圆画笔，在遮挡住鞋尖位置的矩形上方涂抹，将这部分像素隐藏。制作出鞋子在前、矩形在后的效果，如图 10-262 所示。接着使用"横排文字工具"在边框空缺的位置输入文字。选中文字图层，执行"窗口"→"字符"命令，打开"字符"面板，在该面板中设置合适的字体、字号，设置文字颜色为白色，单击"仿斜体"按钮，如图 10-263 所示。

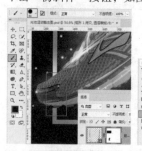　

图 10-262　　　　　　　图 10-263

（4）继续使用"横排文字工具"在白色文字的下方添加文字。为了丰富文字的排版效果，在其中两个字之间按两次空格键，为另外一个文字留出位置，如图 10-264 所示。继续使用"横排文字工具"输入稍大一些的文字，摆放在空白位置处，如图 10-265 所示。

图 10-264　　　　　　　图 10-265

（5）选中文字3图层，执行"图层"→"图层样式"→"渐变叠加"命令，在弹出的"图层样式"对话框中，设置"渐变叠加"的"混合模式"为"正常"，"不透明度"为100%，"渐变"为金色系的渐变，"样式"为"线性"，"角度"为44度，参数设置如图 10-266 所示。设置完成后单击"确定"按钮，文字效果如图 10-267 所示。

图 10-266　　　　　　　图 10-267

（6）使用"矩形工具"，在选项栏中设置绘制模式为"形状"，"填充"为紫色，在画面的底部绘制一个矩形，如图 10-268 所示。接着在矩形上方添加文字，并为文字添加"仿斜体"效果，案例完成效果如图 10-269 所示。

图 10-268

图 10-269

10.9 项目实例：促销活动主图

文件路径	资源包＼第 10 章＼项目实例：促销活动主图
难易指数	★★★★★
技术掌握	快速选择工具、钢笔工具、剪贴蒙版

案例效果

案例效果如图 10-270 所示。

图 10-270

10.9.1　创意解析

本案例为设计促销活动主图，本案例并没有通过商品来吸引客户，而是通过个性化的文字来传递信息和吸引客户的注意。本案例将内容集中在画面中心位置，具有很强的视觉凝聚力。在画面的布置中将棱角分明的文字以一定的倾斜角度摆放在画面中，搭配一些装饰元素，既为画面添加了不稳定感，也让画面气氛变得活跃、不呆板。在配色上，该作品采用互补色的配色方案，黄色与紫色形成了鲜明的对比，为画面营造出了活跃的氛围。

10.9.2　制作主图背景

扫一扫，看视频

（1）执行"文件"→"新建"命令，创建一个空白文档，如图 10-271 所示。

图 10-271

（2）单击工具箱中的"渐变工具"，单击选项栏中的渐变色条，在弹出的"渐变编辑器"对话框中编辑一个粉色系的渐变，颜色编辑完成后单击"确定"按钮，接着在选项栏中单击"径向渐变"按钮，如图 10-272 所示。在"图层"面板中选中"背景"图层，回到画面中按住鼠标左键，从中间到画面的一角拖动填充渐变，如图 10-273 所示。

图 10-272

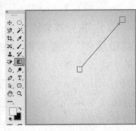
图 10-273

（3）单击工具箱中的"椭圆工具"，在选项栏中设置绘制模式为"形状"，单击选项栏中的"填充"按钮，在下拉面板中单击"渐变"按钮，编辑一个紫色系的渐变，设置渐变类型为"线性"，设置渐变角度为 -45 度。接着回到选项栏中，设置"描边"为无，在画面中间位置按住 Shift 键的同时按住鼠标左键拖动绘制一个正圆形，效果如图 10-274 所示。

（4）继续使用同样的方法绘制画面中间第二个正圆形，并设置其填充为稍浅一些的紫色渐变，如图 10-275 所示。

图 10-274

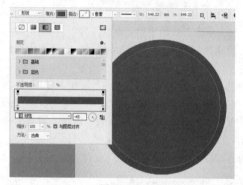

图 10-275

（5）执行"文件"→"置入嵌入对象"命令，置入纹理素材，接着将置入的纹理素材摆放在紫色正圆形的上方，调整至合适的大小后按 Enter 键完成置入，如图 10-276 所示。在"图层"面板中选中纹理素材，设置"混合模式"为"叠加"，此时紫色正圆形的颜色发生了变化，效果如图 10-277 所示。

图 10-276

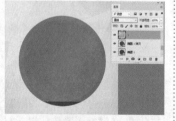

图 10-277

（6）在"图层"面板中选中纹理素材，右击执行"创建剪贴蒙版"命令，如图 10-278 所示，效果如图 10-279 所示。

图 10-278

图 10-279

（7）单击工具箱中的"钢笔工具"，在选项栏中设置绘制模式为"形状"，"填充"为朱红色，"描边"为无，设置完成后在圆形下方绘制一个四边形，如图 10-280 所示。

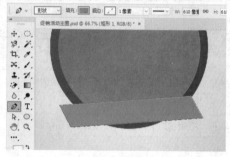

图 10-280

（8）继续使用同样的方法将左侧深红色的四边形绘制出来，如图 10-281 所示。选中深红色四边形图层，将其移动至朱红色四边形图层的下方，如图 10-282 所示。此时画面中的效果如图 10-283 所示。

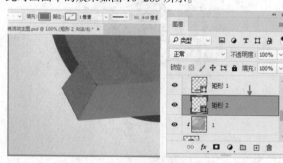

图 10-281　　　　　　　　图 10-282

图 10-283

（9）继续使用同样的方法将飘带的其他部分绘制出来，如图 10-284 所示。

（10）在底部添加阴影。在"背景"图层的上一层新建图层，将前景色设置为粉灰色，使用"画笔工具"，选择一个柔边圆笔尖，设置笔尖大小为 100 像素，在圆形的底部位置按住鼠标左键拖动绘制阴影，如图 10-285 所示。

图 10-284

图 10-285

10.9.3　制作艺术字

（1）单击工具箱中的"横排文字工具"，在选项栏中设置合适的字体、字号，将文字颜色设置为黄色，接着输入文字，摆放在圆形的右侧，如图 10-286 所示。

扫一扫，看视频

图 10-286

（2）制作变形文字。在"图层"面板中选中文字图层，右击执行"转换为形状"命令，此时文字图层变为形状图层，如图 10-287 所示。回到画面中，使用"自由变换"快捷键 Ctrl+T，接着右击执行"透视"命令，按住鼠标左键向上拖动右上角的角点，效果如图 10-288 所示。调整完毕按 Enter 键结束变换。

图 10-287　　　　　图 10-288

（3）在选中文字的状态下，在工具箱中单击"添加锚点工具"，在文字的右下方单击添加锚点，如图 10-289 所示。继续在工具箱中单击"直接选择工具"，选中刚添加的锚点，按住鼠标左键向右上方拖动此锚点，将文字变形，如图 10-290 所示。继续在工具箱中单击"转换点工具"，单击刚才添加的锚点，将平滑点转换为角点，如图 10-291 所示。

（4）继续使用同样的方法将文字其他部位变形，变形后的文字效果如图 10-292 所示。

图 10-289　　　　　图 10-290

图 10-291　　　　　图 10-292

（5）再次向画面中置入纹理素材，调整至合适的大小和位置，如图 10-293 所示。在"图层"面板中选中纹理素材图层，右击执行"创建剪贴蒙版"命令，如图 10-294 所示，效果如图 10-295 所示。

图 10-293　　　　　图 10-294

图 10-295

（6）为变形后的文字制作投影。在"图层"面板中选中变形后的文字图层，执行"图层"→"图层样式"→"投影"命令，在"图层样式"对话框中设置"混合模式"为"正常"，"颜色"为暗红色，"不透明度"为100%，"角度"为120度，"距离"为10像素，参数设置如图10-296所示。设置完成后单击"确定"按钮，效果如图10-297所示。

（7）继续使用同样的方法将画面中的其他文字绘制出来，将文字变形并添加投影，如图10-298所示。

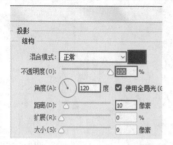

图 10-296

图 10-297　　　　　　　图 10-298

（8）在"图层"面板中按住 Ctrl 键依次单击加选上半部分的几个文字图层，如图10-299所示。使用快捷键 Ctrl+J 复制出相同的图层。在选中复制出的图层状态下使用快捷键 Ctrl+E，将选中的所有文字合并到一个图层上，如图10-300所示。将原始的文字图层隐藏。

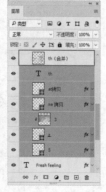

图 10-299　　　　　　　图 10-300

（9）在"图层"面板中选中合并图层，回到画面中，使用"自由变换"快捷键 Ctrl+T 将其进行旋转，效果如图10-301所示。在保持"自由变换"的状态下，右击文字，在弹出的菜单中选择"扭曲"，接着按住鼠标左键向上拖动右上方的角点，如图10-302所示。

图 10-301　　　　　　　图 10-302

（10）继续调整其他控制点，调整完毕按 Enter 键结束变换，如图10-303所示。

（11）为文字制作紫色的底色。在"图层"面板中选中合并图层，按住 Ctrl 键的同时单击图层缩览图，载入文字的选区，如图10-304所示。执行"选择"→"修改"→"扩展"命令，设置"扩展量"为20像素，如图10-305所示。选区的效果如图10-306所示。

图 10-303　　　　　　　图 10-304

图 10-305　　　　　　　图 10-306

（12）单击工具箱底部的前景色按钮，在弹出的"拾色器（前景色）"对话框中设置颜色为紫色，单击"确定"按钮，如图10-307所示。新建一个空白图层，选中新建图层，使用"前景色填充"快捷键 Alt+Delete 进行填充，将紫色图层移动到文字合并图层的下方。此时画面效果如图10-308所示。

中文版 Photoshop 电商美工设计从入门到实战（全程视频版）（下册）

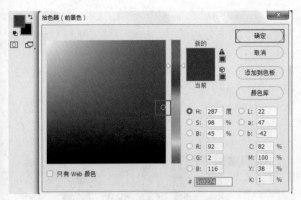

图 10-307

图 10-308

（13）单击工具箱中的"矩形工具"，在选项栏中设置绘制模式为"形状"，"填充"为紫色，"描边"为无。设置完成后在合适的位置按住鼠标左键拖动绘制出一个矩形，如图 10-309 所示。将矩形旋转并放置在合适的位置，在"图层"面板中选中矩形图层，将此图层移动至合并文字图层的下方，如图 10-310 所示。

图 10-309

图 10-310

（14）将鞋素材置入画面，调整其大小、位置及旋转角度后放置在合适的位置，按 Enter 键完成置入，将该图层栅格化，如图 10-311 所示。使用"快速选择工具"制作鞋的选区，效果如图 10-312 所示。

图 10-311

图 10-312

（15）在保留选区的状态下，单击选中"图层"面板中的鞋素材图层，在面板的下方单击"添加图层蒙版"按钮，隐藏选区外的图像，如图 10-313 所示。回到画面中，使用快捷键 Ctrl+D 取消选区的选择。此时画面效果如图 10-314 所示。

图 10-313

图 10-314

（16）为鞋素材调色。单击选中"图层"面板中的鞋素材图层，在面板的下方单击 ◎ 按钮，在弹出的下拉列表中选择"自然饱和度"，如图 10-315 所示。接着在"属性"面板中设置"自然饱和度"为 -100，单击面板下方的 ↴□ 按钮，此时"自然饱和度"只对鞋图层起作用，效果如图 10-316 所示。

图 10-315

图 10-316

（17）继续在"图层"面板的下方单击 ● 按钮，在弹出的下拉列表中选择"曲线"，提高画面的亮度。接着单击面板下方的 ▭ 按钮，此时"曲线"只对下方鞋图层起作用。画面中鞋变亮，效果如图 10-317 所示。

（18）在"图层"面板中按住 Ctrl 键依次单击鞋图层和两个调整图层，将它们加选。使用快捷键 Ctrl+J 复制出相同的图层。在选中复制出的图层的状态下使用快捷键 Ctrl+E 将选中的所有图层合并到一个图层上，如图 10-318 所示。

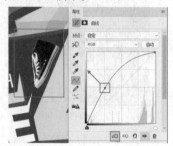

图 10-317

图 10-318

（19）在"图层"面板中选中刚才合并的图层，将其移动至字母 Z 的下方，使用"自由变换"快捷键 Ctrl+T，右击执行"水平翻转"命令，将其放大并旋转合适的角度，调整完毕按 Enter 键结束变换，效果如图 10-319 所示。

（20）执行"文件"→"置入嵌入对象"命令，将彩色碎片素材置入画面，调整其大小后放置在合适的位置，按 Enter 键完成置入。案例完成效果如图 10-320 所示。

图 10-319

图 10-320

Chapter
11
第11章

扫一扫,看视频

店铺广告设计

本章内容简介:

在电商平台中,广告的应用非常广泛,不仅出现在店铺首页中,还经常出现在详情页中。这就要求电商美工设计人员必须掌握一定的广告设计能力。在店铺广告设计中,构图有着不可替代的重要作用。店铺广告的构图就如同房屋的框架,如果没有框架的支撑,房屋是无法搭建起来的。所以本章列举了几种常见的店铺广告构图方式与项目实例,以帮助电商美工设计人员了解不同构图的特点并熟练地运用。

11.1 常见的店铺广告构图方式

店铺广告最常用的尺寸有多种，如通栏广告的宽度为 1920 像素，高度自定；非通栏广告的宽度是 950 像素，高度自定。常见的店铺广告的构图方式有很多种，如黄金分割式构图、三栏分布构图、垂直构图、居中式构图、满版式构图和包围式构图等。

11.1.1 黄金分割式构图

黄金分割式构图是最为经典的构图方式，通常将商品/模特和文字位于黄金分割线的左右两侧，画面效果十分干净、舒适，非常符合大众的审美。这种布局方式既能够有效地把握画面的平衡感，又能够突出主题。由于整个画面中的视觉元素较少，所以就要求每个元素都要精益求精，特别是对细节的刻画，这样才能避免呆板、庸俗，如图 11-1 和图 11-2 所示。

图 11-1 　　　　　　　　　 图 11-2

11.1.2 三栏分布构图

三栏分布构图就是将版面垂直分为三份，然后将主图、文案分别放置在各个部分中。例如，将文案放在画面的中央，左右两侧放置商品或模特；或者将商品或模特摆放在画面中央，左右两侧排列文案。这种构图方式既能展示商品，又能传递信息，如图 11-3 和图 11-4 所示。

图 11-3 　　　　　　　　　 图 11-4

11.1.3 垂直构图

垂直构图，顾名思义，就是将画面中的元素垂直排列。这种构图方式一般是先通过文字或商品锁定视线，

然后让视线以垂直方向流动。这种构图方式可以给人带来稳健、踏实的视觉感受，往往能为主体添加几分庄重感，如图 11-5 和图 11-6 所示。

图 11-5 　　　　　　　　　 图 11-6

11.1.4 居中式构图

居中式构图是将信息集中在版面的中心位置，在短时间内将信息表达清楚，这种构图方式通常以文字、图形、图像等为视觉重心，这就要求元素需要具有较强的设计感且主次分明，如图 11-7 和图 11-8 所示。

图 11-7 　　　　　　　　　 图 11-8

11.1.5 满版式构图

满版式构图是将图片、文案和设计元素等充满整个版面，比较适合用于店铺促销或者网站活动的广告中。这种构图方式可以营造出饱满且富有活力的视觉效果，具有极强的代入感和视觉感受，如图 11-9 和图 11-10 所示。

图 11-9 　　　　　　　　　 图 11-10

11.1.6 包围式构图

包围式构图是指为了突出主要的文字信息，用众多图片、图形等元素将其围绕起来的一种构图方式。这种构图方式常给人一种包围的印象，不仅可以通过视觉导向将客户的注意力集中在主要信息上，还可以让版面看上去饱满且充实，如图 11-11 和图 11-12 所示。

图 11-11

图 11-12

11.2 项目实例：网店活动通栏广告

文件路径	资源包\第11章\项目实例：网店活动通栏广告
难易指数	★★★★★
技术掌握	"添加杂色"滤镜、"高斯模糊"滤镜

案例效果

案例效果如图 11-13 所示。

图 11-13

11.2.1 创意解析

该案例采用居中式构图方式，将文字摆放在画面中最中央的位置，非常醒目。同时又运用了大量的渐变色与简明的图形，让整个画面看起来既丰富又活泼。

这个作品以浅灰色为背景色，既保证了画面的明度，又使整个画面看起来十分干净、整洁。而画面前景中的文字与图形采用了冷暖色对比的配色方式，既增强了画面的活跃氛围，又丰富了视觉效果。

11.2.2 制作广告背景

（1）执行"文件"→"新建"命令，创建一个空白文档，如图 11-14 所示。

（2）为背景填充颜色。单击"前景色"按钮，在弹出的"拾色器（前景色）"对话框中设置颜色为浅紫色，在"图层"面板中选择"背景"图层，使用"前景色填充"快捷键 Alt+Delete 进行填充，效果如图 11-15 所示。

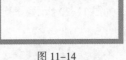

图 11-14

图 11-15

（3）单击"椭圆工具"，在选项栏中设置绘制模式为"形状"，"填充"为更浅一些的颜色，"描边"为无。设置完成后在画面右下角按住快捷键 Shift+Alt 的同时按住鼠标左键拖动，绘制一个正圆形，如图 11-16 所示。

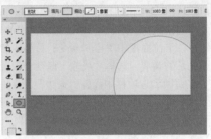

图 11-16

（4）在"图层"面板中选中正圆形图层，执行"图层"→"图层样式"→"投影"命令，在"图层样式"对话框中设置"混合模式"为"正片叠底"，"颜色"为灰色，"不透明度"为50%，"角度"为120度，"距离"为14像素，"大小"为117像素，参数设置如图 11-17 所示。设置完成后单击"确定"按钮，效果如图 11-18 所示。

图 11-17

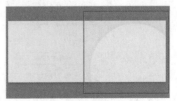

图 11-18

（5）在"图层"面板中选中正圆形图层，使用快捷键 Ctrl+J 复制出一个相同的图层，然后将其向画面的左上角拖动，如图 11-19 所示。

（6）选中复制的正圆形图层，接着使用"自由变换"

快捷键 Ctrl+T，按住 Shift 键的同时按住鼠标左键向左下拖动角点，将其稍微缩小一些，如图 11-20 所示。图形调整完成之后按 Enter 键结束变换。

图 11-19　　　　　　　　图 11-20

（7）制作圆形装饰图形。单击"椭圆工具"，在选项栏中设置绘制模式为"形状"，单击选项栏中的"填充"下拉按钮，在下拉面板中单击"渐变"按钮，然后编辑一个橙黄色系的渐变，选择"线性"渐变，设置渐变角度为 27。接着回到选项栏中设置"描边"为无。设置完成后在画面中按住快捷键 Shift+Alt 的同时按住鼠标左键拖动绘制一个正圆形，如图 11-21 所示。

图 11-21

（8）将刚绘制的正圆形移动到画面的右下角位置，如图 11-22 所示。在"图层"面板中选中刚绘制的正圆形图层，右击执行"转换为智能对象"命令，如图 11-23 所示。

图 11-22

图 11-23

（9）选中正圆形，执行"滤镜"→"杂色"→"添加杂色"命令，在弹出的"添加杂色"对话框中设置"数量"为 8%，选中"高斯分布"单选按钮，单击"确定"按钮，如图 11-24 所示，效果如图 11-25 所示。

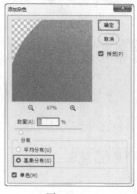

图 11-24　　　　　　　　图 11-25

（10）继续使用同样的方法将画面中的其他圆形绘制出来并放在合适的位置，如图 11-26 所示。

图 11-26

11.2.3　制作广告文字

扫一扫，看视频

（1）制作画面中的主题文字。单击"横排文字工具"，在选项栏中设置合适的字体、字号，将文字颜色设置为暗红色，设置完成后在画面的中间位置单击建立文字输入的起点，接着输入文字，文字输入完成后按快捷键 Ctrl+Enter，如图 11-27 所示。

图 11-27

（2）单击"矩形工具"，在选项栏中设置绘制模式为"形状"，单击选项栏中的"填充"下拉按钮，在下拉面板中单击"渐变"按钮，然后编辑一个彩色的渐变，选择"线性"渐变，设置渐变角度为 0。接着回到选项栏中，设置"描边"为无，设置完成后在文字上方按住鼠标左

中文版 Photoshop 电商美工设计从入门到实战（全程视频版）（下册）

键拖动绘制出一个矩形，如图 11-28 所示。选中彩色矩形，执行"图层"→"创建剪贴蒙版"命令，画面效果如图 11-29 所示。

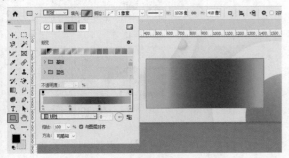

图 11-28

图 11-29

（3）为彩色文字制作投影。在"图层"面板中按住Ctrl 键依次单击加选文字和彩色矩形图层，使用快捷键Ctrl+Alt+E 将两个图层合并，如图 11-30 所示。在"图层"面板中选中合并的图层，将其移动至文字图层的下方，接着回到画面中将其移动至文字的左下方，降低该图层的"不透明度"，如图 11-31 所示。

图 11-30

图 11-31

（4）选择下层的文字，执行"滤镜"→"模糊"→"高斯模糊"命令，在弹出的"高斯模糊"对话框中设置"半径"为 25 像素，单击"确定"按钮，如图 11-32 所示。

文字投影效果如图 11-33 所示。

图 11-32

图 11-33

（5）继续在下方制作一组较小的文字，如图 11-34所示。执行"窗口"→"字符"命令，在"字符"面板中设置"字距调整"为920。此时画面效果如图 11-35 所示。

图 11-34

图 11-35

（6）继续使用同样的方法制作出画面中的其他文字，如图 11-36 所示。

图 11-36

（7）在"图层"面板中选中"+"图层，右击执行"转换为形状"命令，如图 11-37 所示。单击工具箱中任意形状工具，单击选项栏中的"填充"下拉按钮，在下拉面板中单击"渐变"按钮，然后编辑一个粉红色系的渐变，选择"线性"渐变，设置渐变角度为 -61。接着回到选项栏中，设置"描边"为无，效果如图 11-38 所示。

图 11-37

图 11-38

（8）在"图层"面板中选中"+"图层，右击执行"转换为智能对象"命令，如图 11-39 所示。然后执行"滤镜"→"杂色"→"添加杂色"命令，设置"数量"为3%，选中"高斯分布"单选按钮，单击"确定"按钮，如图 11-40 所示，效果如图 11-41 所示。

图 11-39

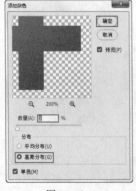

图 11-40

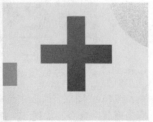

图 11-41

（9）置入蝴蝶素材，如图 11-42 所示。然后调整素材大小并摆放至画面中的合适位置，接着使用按 Enter 键结束变换，如图 11-43 所示。

图 11-42

图 11-43

（10）调整图层。在"图层"面板中将粉红色系的正圆形图层移动至"图层"面板的顶端，案例完成效果如图 11-44 所示。

图 11-44

11.3 项目实例：服装促销电商广告

文件路径	资源包\第11章\项目实例：服装促销电商广告
难易指数	⭐⭐⭐⭐⭐
技术掌握	图层样式、横排文字工具、矩形工具、椭圆工具

案例效果

案例效果如图 11-45 所示。

图 11-45

11.3.1 创意解析

本案例将需要展示的商品摆放在画面的左侧，并将宣传语放在画面的右侧，这样的安排既符合人们的阅读习惯，又增强了画面的平衡感。使用圆、线条等元素点缀画面，增强画面美感，营造活跃、欢乐的氛围。画面采用互补色的配色方案，大面的黄色与青蓝色形成对比关系，使画面色调鲜明、抢眼。

11.3.2 制作画面背景

（1）新建一个宽度为 950 像素，高度为 470 像素的文档。新建图层，将前景色设置为中黄色，然后使用快捷键 Alt+Delete 进行填充，如图 11-46 所示。选中该图层，执行"图层"→"图层样式"→"图案叠加"命令，在弹出的"图层样式"对话框中设置"图案叠加"的"混合模式"为"叠加"，"不透明度"为 30%，选择一种合适的图案，设置"缩放"为 152%，参数设置如图 11-47 所示。设置完成后单击"确定"按钮，效果如图 11-48 所示。

扫一扫，看视频

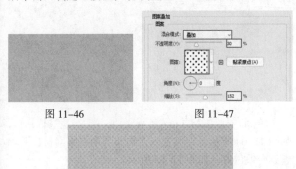

图 11-46　　　　　　　图 11-47

图 11-48

提示：如何载入图案？

如果图案列表中没有想要使用的图案，可以在图案选择窗口中单击右上角的菜单按钮，执行"导入图案"命令，然后选择素材文件夹中的图案库素材，即可导入，如图 11-49 所示。

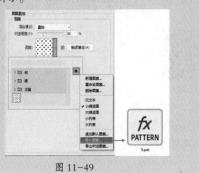

图 11-49

（2）选择工具箱中的"椭圆工具"，在选项栏中设置绘制模式为"形状"，"填充"为白色，然后在画面左下方按住 Shift 键拖动绘制正圆形，如图 11-50 所示。选中正圆形，执行"图层"→"图层样式"→"外发光"命令，在"图层样式"对话框中设置"外发光"的"混合模式"为"线性加深"，"不透明度"为 50%，颜色为黄褐色，"方法"为"柔和"，"大小"为 26 像素，参数设置如图 11-51 所示。设置完成后单击"确定"按钮，效果如图 11-52 所示。

（3）继续使用"椭圆工具"在画面左下角绘制一个蓝色的正圆形，如图 11-53 所示。接着将白色正圆形图层的图层样式粘贴给蓝色正圆形图层。单击选中白色正圆形图层，右击执行"拷贝图层样式"命令，然后单击选中蓝色正圆形图层，右击执行"粘贴图层样式"命令，效果如图 11-54 所示。

图 11-50

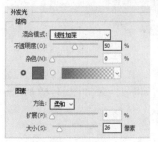

图 11-51　　　　　　　图 11-52

图 11-53　　　　　　　图 11-54

（4）选中工具箱中的"钢笔工具"，在选项栏中设置绘制模式为"形状"，描边为蓝色，设置完成后，在白色圆形的右侧绘制一条斜线，绘制完成后，在"图层"面板中将该图层移动至白色正圆形图层的下一层，如图11-55所示。继续绘制其他斜线，并在部分斜线上绘制正圆形，效果如图11-56所示。

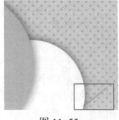 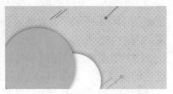

图 11-55　　　　　　　　　图 11-56

（5）选择工具箱中的"椭圆工具"，在选项栏中设置绘制模式为"形状"，"填充"为白色，然后绘制正圆形，如图11-57所示。继续绘制一个稍小的正圆形，然后在选项栏中将"填充"更改为淡黄色。如图11-58所示。

 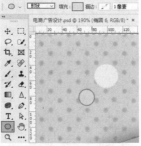

图 11-57　　　　　　　　　图 11-58

（6）继续绘制正圆形，在选项栏中更改填充颜色，正圆形的尺寸由大到小，如图11-59和图11-60所示。

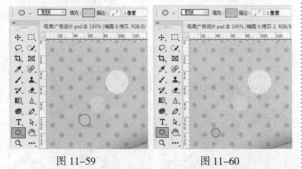

图 11-59　　　　　　　　　图 11-60

（7）在"图层"面板中加选四个小正圆形图层，使用快捷键Ctrl+J将图层复制一份，然后向右下方移动，如图11-61所示。在加选图层的状态下使用"自

由变换"快捷键Ctrl+T，然后将图形进行旋转，如图11-62所示。变换完成后按Enter键确定变换操作。再次将这组正圆形图层复制一份，并移动到相应位置，如图11-63所示。

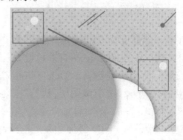

图 11-61

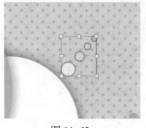 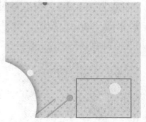

图 11-62　　　　　　　　　图 11-63

（8）将衣服素材3.png置入文档，并适当地进行旋转，如图11-64所示。继续置入人物和其他衣服素材，并调整到合适位置，如图11-65所示。

图 11-64　　　　　　　　　图 11-65

11.3.3　制作广告文字

扫一扫，看视频

（1）使用"横排文字工具"在画面的右侧添加文字，如图11-66所示。选中文字图层，执行"图层"→"图层样式"→"外发光"命令，在弹出的"图层样式"对话框中设置"混合模式"为"正常"，"不透明度"为36%，颜色为橘黄色，"扩展"为65%，"大小"为4像素，参数设置如图11-67所示。

图 11-66

图 11-72

图 11-73

（2）在左侧样式列表中启用"投影"样式，设置投影的"混合模式"为"正常"，颜色为黄褐色，"不透明度"为 56%，"角度"为 90 度，"距离"为 3 像素，"扩展"为 14%，"大小"为 11 像素，参数设置如图 11-68 所示，文字效果如图 11-69 所示。

（5）选中刚刚添加的文字图层，使用"自由变换"快捷键 Ctrl+T，然后适当地进行旋转，如图 11-74 所示。复制该文字，适当地移动并更改文字内容，效果如图 11-75 所示。

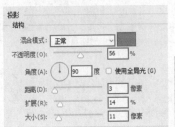

图 11-68

图 11-69

图 11-74

图 11-75

（3）选中文字图层，使用快捷键 Ctrl+J 将图层复制一份，然后向下垂直移动，如图 11-70 所示。接着使用"横排文字工具"将下方的文字选中后删除，输入新的文字，效果如图 11-71 所示。

（6）选择工具箱中的"矩形工具"，在选项栏中设置绘制模式为"形状"，"填充"为红色，设置完成后在画面的右上方绘制矩形，如图 11-76 所示。接着使用"横排文字工具"在矩形上方添加文字，如图 11-77 所示。

图 11-70

图 11-71

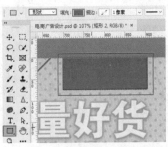

图 11-76

（4）再次选择工具箱中的"椭圆工具"，在选项栏中设置绘制模式为"形状"，"填充"为洋红色，"描边"为白色，描边粗细为 3 像素，设置完成后按住 Shift 键的同时按住鼠标左键拖动绘制一个正圆形，如图 11-72 所示。选择工具箱中的"横排文字工具"，输入文字并移动到正圆形上方，如图 11-73 所示。

图 11-77

（7）选中文字图层，执行"图层"→"图层样式"→"投影"命令，在弹出的"图层样式"对话框中设置"混合模式"为"正常"，颜色为深红色，"不透明度"为53%，"角度"为90度，"距离"为2像素，"扩展"为14%，"大小"为4像素，参数设置如图11-78所示。设置完成后单击"确定"按钮，效果如图11-79所示。

（8）继续在红色矩形上方添加文字，如图11-80所示。接着将步骤（7）添加的"投影"图层样式粘贴给该文字图层，然后打开"图层样式"对话框，设置投影的"不透明度"为43%，如图11-81所示。此时文字效果如图11-82所示。

（9）将书包素材置入文档，移动至画面顶部的红色矩形上方，如图11-83所示。

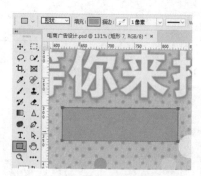

图 11-84

图 11-85　　　　图 11-86

图 11-78　　　　　　　图 11-79

图 11-80　　　　　　　图 11-81

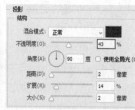

提示：制作平行四边形的其他方法。

使用"矩形工具"绘制矩形后，选择工具箱中的"直接选择工具"，加选顶部的两个锚点后向右移动，也能够制作出平行四边形，如图11-87所示。

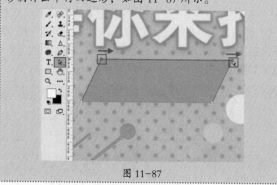

图 11-87

图 11-82　　　　　　　图 11-83

（10）选择工具箱中的"矩形工具"，在选项栏中设置绘制模式为"形状"，"填充"为蓝色，在画面的底部绘制矩形，如图11-84所示。选中该图层，使用"自由变换"快捷键Ctrl+T，右击执行"斜切"命令，如图11-85所示。

（11）拖动中间位置的控制点进行变形，将矩形变形为平行四边形，如图11-86所示。变形完成后按Enter键确定变换操作。

（12）继续使用相同的方法制作另外三个四边形，如图11-88所示。最后在图形上方添加文字，案例完成效果如图11-89所示。

图 11-88

图 11-89

11.4 项目实例: 度假风店铺首页广告

文件路径	资源包\第11章\项目实例: 度假风店铺首页广告
难易指数	★★★★★
技术掌握	图层样式、画笔工具、钢笔工具、剪贴蒙版

案例效果

案例效果如图11-90所示。

图 11-90

11.4.1 创意解析

本案例将最重要的文字信息内容摆放在画面的中间,版面保留了部分留白的空间,使画面具有较强的通透性,也为受众营造出良好的阅读空间。画面采用了青色调,不同明度的青蓝色搭配在一起,为炎热的夏日带来了清凉之感。

11.4.2 制作广告背景

(1)执行"文件"→"新建"命令,创建一个空白文档,如图11-91所示。

扫一扫,看视频

图 11-91

(2)执行"文件"→"置入嵌入对象"命令,将背景素材置入画面,如图11-92所示。调整其大小及位置后按Enter键完成置入。在"图层"面板中右击该图层,在弹出的菜单中执行"栅格化图层"命令。在"图层"面板中选中背景素材图层,单击面板底部的"添加图层

蒙版"按钮,如图11-93所示。

(3)选择工具箱中的"画笔工具",选择一个柔边圆画笔,设置"大小"为900像素,"硬度"为0%,如图11-94所示。设置前景色为灰色,然后选中图层蒙版,在画面中的右上角和下方进行涂抹,如图11-95所示。

图 11-92

图 11-93　　　　　　　图 11-94

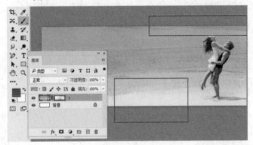

图 11-95

(4)创建一个新图层,选择工具箱中的"画笔工具",选择"柔边圆"画笔,设置"大小"为1300像素,"硬度"为0%,如图11-96所示。在工具箱底部设置前景色为青色,选择刚创建的空白图层,在画面的左侧进行涂抹,效果如图11-97所示。

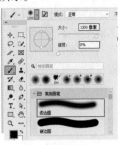

图 11-96

图 11-97

（5）继续单击"画笔工具"，在画面中绘制白色亮光，如图 11-98 所示。

图 11-98

（6）单击"钢笔工具"，在选项栏中设置绘制模式为"形状"，"填充"为白色，"描边"为无，设置完成后在画面中绘制出一个不规则形状，如图 11-99 所示。

图 11-99

（7）选中不规则形状图层，执行"图层"→"图层样式"→"描边"命令，在"图层样式"对话框中设置"大小"为 3 像素，"位置"为外部，"混合模式"为"正常"，"不透明度"为 71%，"填充类型"为"颜色"，"颜色"为白色，如图 11-100 所示。在左侧图层样式列表中单击启用"内发光"样式，设置"混合模式"为"滤色"，"不透明度"为 86%，"颜色"为白色，"方法"为"柔和"，"源"为"边缘"，"大小"为 100 像素，如图 11-101 所示。设置完成后单击"确定"按钮提交操作。

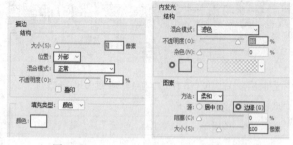

图 11-100　　　　　　　　图 11-101

（8）选择不规则的形状图层，设置"不透明度"为 60%，"填充"为 0%。此时图形呈现半透明的气泡效果，如图 11-102 所示。

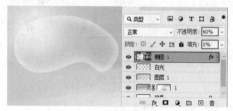

图 11-102

11.4.3　制作主体文字及装饰

扫一扫，看视频

（1）单击"横排文字工具"，在选项栏中设置合适的字体、字号，将文字颜色设置为浅青色，设置完成后在不规则图形上方单击建立文字输入的起点，接着输入文字，文字输入完成后按快捷键 Ctrl+Enter，如图 11-103 所示。

图 11-103

（2）在"图层"面板中选中文字图层，执行"图层"→"图层样式"→"斜面和浮雕"命令，在"图层样式"对话框中设置"样式"为"内斜面"，"方法"为"平滑"，"深度"为 100%，"方向"为"上"，"大小"为 5 像素，"角度"为 120 度，勾选"使用全局光"复选框，"高度"为 30 度，"光泽等高线"为"环形"；然后设置"高光模式"为"正常"，"颜色"为白色，"不透明度"为75%；接着设置"阴影模式"为"正常"，"颜色"为深蓝色，"不透明度"为75%，参数设置如图11-104所示。设置完成后单击"确定"按钮，效果如图11-105所示。

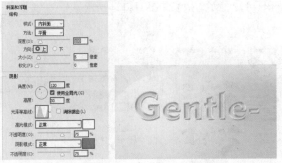

图 11-104　　　　　图 11-105

（3）复制该文字，移动到不同的位置并更改文字内容以及颜色。输入另外两组稍小的文字，如图11-106所示。

（4）继续使用"置入"的方法，将太阳素材置入画面，摆放在文字的右侧，然后将其栅格化，如图11-107所示。在"图层"面板中选中太阳图层，将其移动至文字图层的下方，画面效果如图11-108所示。

图 11-106　　　　　图 11-107

图 11-108

（5）单击"矩形工具"，在选项栏中设置绘制模式为"形状"，"填充"为黄色，"描边"为白色，描边粗细为1像素，圆角半径为20像素，设置完成后在下方文字上按住鼠标左键拖动绘制一个圆角矩形，效果如图11-109所示。在"图层"面板中选中黄色圆角矩形图层，将其移动至所有文字图层的下方，画面效果如图11-110所示。

图 11-109

图 11-110

（6）执行"窗口"→"形状"命令，打开"形状"面板。单击"面板菜单"按钮，执行"旧版形状及其他"命令，如图11-111所示。在工具箱中选择"自定形状工具"，接着在选项栏中设置绘制模式为"形状"，"填充"为粉红色，"描边"为白色，描边粗细为1像素，选择合适的形状。设置完成后在黄色圆角矩形左侧按住Shift键的同时按住鼠标左键拖动绘制一个花朵图形，如图11-112所示。

图 11-111

图 11-112

（7）在"图层"面板中选中花朵图层，使用快捷键 Ctrl+J 复制出一个相同的图层，然后回到画面中将其移动至原花朵的右下方，如图 11-113 所示。接着使用"自由变换"快捷键 Ctrl+T，按住 Shift 键的同时按住鼠标左键拖动角点，将其缩放到合适大小。调整完成后按 Enter 键结束变换，如图 11-114 所示。

 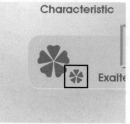

图 11-113　　　　　　　图 11-114

（8）将花束素材置入画面，摆放在文字的右下方，然后将其栅格化，如图 11-115 所示。

（9）单击"横排文字工具"，在选项栏中设置合适的字体、字号，将文字颜色设置为粉红色，接着输入文字，如图 11-116 所示。

图 11-115　　　　　　　图 11-116

（10）在"图层"面板中选中数字图层，执行"图层"→"图层样式"→"投影"命令，设置"混合模式"为"正常"，"颜色"为灰色，"不透明度"为75%，"角度"为90度，"距离"为3像素，"大小"为1像素，如图 11-117 所示。设置完成后单击"确定"按钮，效果如图 11-118 所示。

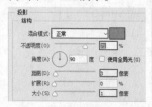 

图 11-117　　　　　　　图 11-118

（11）在"图层"面板中选中花朵图层，使用两次快捷键 Ctrl+J 复制出两个相同的图层，回到画面中将两个

花朵图层分别移动至数字上方合适的位置，如图 11-119 所示。在"图层"面板中按住 Ctrl 键依次单击加选两个复制出的花朵图层，然后移动至数字图层的上方。选中这两个图层，右击执行"创建剪贴蒙版"命令，如图 11-120 所示，效果如图 11-121 所示。

图 11-119　　　　　　　图 11-120

图 11-121

（12）继续使用同样的方法将数字旁边的其他文字绘制出来，如图 11-122 所示。

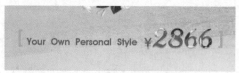

图 11-122

（13）在"图层"面板中选中太阳素材图层，使用两次快捷键 Ctrl+J 复制出两个相同的图层。将两个太阳素材图层分别移动至左侧粉红色文字的上方，如图 11-123 所示。在"图层"面板中按住 Ctrl 键依次单击加选两个太阳素材图层，然后移动至粉红色文字图层的上方，将其创建剪贴蒙版，效果如图 11-124 所示。

图 11-123

图 11-124

（14）单击"钢笔工具"，在选项栏中设置绘制模式为"形状"，"填充"为黄色，"描边"为无，设置完成后在画面左上角绘制出一个三角形，丰富画面，如图 11-125 所示。

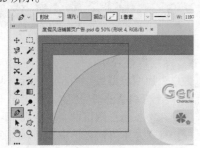

图 11-125

（15）继续使用同样的方法绘制下方两个不规则图形，如图 11-126 所示。

图 11-126

（16）单击"椭圆工具"，在选项栏中设置绘制模式为"形状"，"填充"为蓝色，"描边"为无。设置完成后在画面的左下角按住 Shift 键的同时按住鼠标左键拖动绘制一个正圆形，如图 11-127 所示。

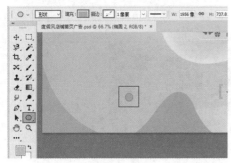

图 11-127

（17）继续使用同样的方法在画面的左下角绘制更小一些的两个圆形，如图 11-128 所示。案例完成效果如图 11-129 所示。

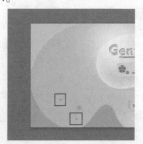

图 11-128

图 11-129

11.5 项目实例：红色系化妆品广告

文件路径	资源包 \ 第 11 章 \ 项目实例：红色系化妆品广告
难易指数	★★★★★
技术掌握	图层蒙版、钢笔工具、剪贴蒙版

案例效果

案例效果如图 11-130 所示。

图 11-130

11.5.1 创意解析

该作品采用居中式构图，将商品和说明文字居中摆放在画面中央位置，可以在短时间内将信息清楚地传递给受众。画面以红色为主色调，黑色为辅助色，红色和黑色搭配给人高级、时尚的感觉，非常符合化妆品广告的主题。

11.5.2　制作碎片感背景

扫一扫，看视频

（1）执行"文件"→"新建"命令，创建一个宽度为 1280 像素，高度为 720 像素的空白文档。单击"前景色"按钮，在弹出的"拾色器（前景色）"对话框中设置颜色为红色，然后单击"确定"按钮。在"图层"面板中选择"背景"图层，使用"前景色填充"快捷键 Alt+Delete 进行填充，效果如图 11-131 所示。

图 11-131

（2）创建一个新图层，选择工具箱中的"画笔工具"，选择"柔边圆"画笔，设置"大小"为 900 像素，"硬度"为 0%，如图 11-132 所示。在工具箱底部设置前景色为暗红色，选择刚创建的空白图层，在画面的右下角涂抹进行绘制，如图 11-133 所示。

（3）继续使用同样的方法在画面四个角进行绘制，如图 11-134 所示。

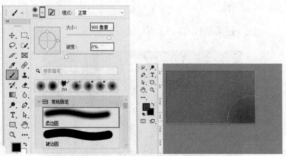

图 11-132　　　　　　图 11-133

图 11-134

（4）制作背景装饰图形。单击"钢笔工具"，在选项栏中设置绘制模式为"形状"，"填充"为暗红色，"描边"为无，设置完成后在画面中绘制出一个三角形，如图 11-135 所示。

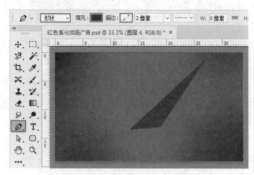

图 11-135

（5）在"图层"面板中选中三角形图层，在面板的下方单击"添加图层蒙版"按钮，然后单击"渐变工具"，设置一个黑白系的渐变颜色，接着单击"径向渐变"按钮，选中三角形图层的图层蒙版，回到画面中按住鼠标左键从左下方向右上方拖动，画面效果如图 11-136 所示。

图 11-136

（6）在"图层"面板中选中三角形图层，设置"不透明度"为 30%，如图 11-137 所示。接着将其移动至画面的右上角，如图 11-138 所示。

图 11-137

中文版 Photoshop 电商美工设计从入门到实战（全程视频版）（下册）

图 11-138

（7）在"图层"面板中选中三角形图层，使用快捷键 Ctrl+J 复制出一个相同的图层，回到画面中，将其移动至画面的右侧，如图 11-139 所示。接着在"图层"面板中设置"不透明度"为 100%，如图 11-140 所示。

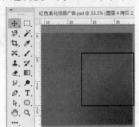

图 11-139

图 11-140

（8）继续使用同样的方法绘制画面背景中其他装饰图形，如图 11-141 所示。

（9）在"图层"面板中按住 Ctrl 键依次单击加选所有背景装饰图形图层，然后使用快捷键 Ctrl+G，将加选图层编组并命名为"背景"，如图 11-142 所示。

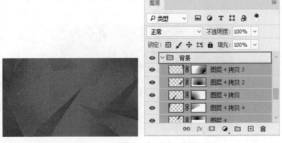

图 11-141   图 11-142

（10）提高背景的亮度。执行"图层"→"新建调整图层"→"亮度/对比度"命令，在弹出的"新建图层"对话框中单击"确定"按钮。接着在"属性"面板中设置"亮度"为 41，"对比度"为 -22，单击面板下方的 按钮，使调色效果只针对下方图层组，如图 11-143 所示。此时画面效果如图 11-144 所示。

图 11-143   图 11-144

（11）选择工具箱中的"画笔工具"，选择"柔边圆"画笔，设置"大小"为 700 像素，设置"硬度"为 0%，如图 11-145 所示。在工具箱底部设置前景色为黑色，选中"亮度/对比度"图层的图层蒙版，在画面的两侧按住鼠标左键拖动进行涂抹，使两侧不产生调色效果。此时画面效果如图 11-146 所示。

图 11-145

图 11-146

（12）再次创建"曲线"调整图层，在曲线的阴影位置单击添加控制点，然后将其向左上方拖动，在曲线的高光位置单击添加控制点，然后将其向右下方拖动，如图 11-147 所示。弱化画面的对比度，画面效果如图 11-148 所示。

图 11-147　　　　　　　图 11-148

（13）制作装饰框。单击"钢笔工具"，在选项栏中设置绘制模式为"形状"，"填充"为无，"描边"为白色，描边粗细为 2 点。设置完成后在画面左上方单击绘制装饰框（按住 Shift 键绘制可以方便地绘制出水平垂直的路径），如图 11-149 所示。接着使用快捷键 Ctrl+J 复制出一个相同的图层，然后将其移动到画面的右下角，如图 11-150 所示。

图 11-149　　　　　　　图 11-150

（14）选中复制出的装饰框，使用"自由变换"快捷键 Ctrl+T，按住 Shift 键将其旋转，如图 11-151 所示。图形调整完成之后按 Enter 键结束变换。此时画面效果如图 11-152 所示。

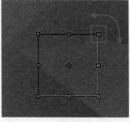

图 11-151　　　　　　　图 11-152

（15）单击"矩形工具"，在选项栏中设置绘制模式为"形状"，单击选项栏中的"填充"下拉按钮，在下拉面板中单击"渐变"按钮，然后编辑一个红色系的渐变，选择"线性"渐变，设置渐变角度为 117。接着回到选项栏中，设置"描边"为无，然后在画面的中间位置按住鼠标左键拖动绘制一个矩形，效果如图 11-153 所示。

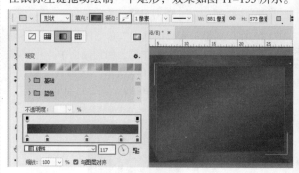

图 11-153

（16）在"图层"面板中选中矩形，执行"图层"→"图层样式"→"投影"命令，在"图层样式"对话框中设置"混合模式"为"正常"，颜色为红色，"不透明度"为 75%，"角度"为 120 度，"距离"为 6 像素，"大小"为 21 像素，参数设置如图 11-154 所示。设置完成后单击"确定"按钮，效果如图 11-155 所示。

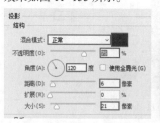

图 11-154　　　　　　　图 11-155

（17）单击"横排文字工具"，在选项栏中设置合适的字体、字号，将文字颜色设置为红色，设置完成后在画面中的合适位置单击建立文字输入的起点，接着输入文字，文字输入完成后按快捷键 Ctrl+Enter，如图 11-156 所示。

图 11-156

（18）在"图层"面板中选中数字图层，右击执行"转换为智能对象"命令，如图 11-157 所示。然后执行"滤镜"→"杂色"→"添加杂色"命令，在弹出的"添加杂色"对话框中设置"数量"为7%，选中"高斯分布"单选按钮，单击"确定"按钮，如图 11-158 所示，效果如图 11-159 所示。

图 11-157

图 11-158

图 11-159

（19）在"图层"面板中选中数字图层，执行"图层"→"创建剪贴蒙版"命令，超出矩形的区域就被隐藏了，画面效果如图 11-160 所示。

图 11-160

（20）在"图层"面板中选中数字图层，设置"不透明度"为30%，效果如图 11-161 所示。

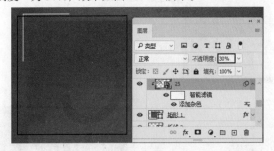

图 11-161

（21）单击"矩形工具"，在选项栏中设置绘制模式为"形状"，"填充"为稍浅一些的红色，"描边"为无。设置完成后在渐变矩形右侧按住鼠标左键拖动绘制一个矩形，如图 11-162 所示。

图 11-162

（22）在"图层"面板中选中刚绘制的矩形，右击执行"转换为智能对象"命令，如图 11-163 所示。然后执行"滤镜"→"杂色"→"添加杂色"命令，在弹出的"添加杂色"对话框中设置"数量"为4%，选中"高斯分布"单选按钮，单击"确定"按钮，如图 11-164 所示，效果如图 11-165 所示。

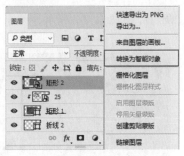

图 11-163

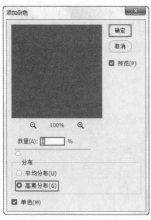

图 11-164 　　　　　　　　图 11-165

11.5.3　添加商品及广告语

扫一扫，看视频

（1）执行"文件"→"置入嵌入对象"命令，将化妆品素材 1 置入画面，如图 11-166 所示。调整其大小及位置后按 Enter 键完成置入。在"图层"面板中右击该图层，在弹出的菜单中执行"栅格化图层"命令。

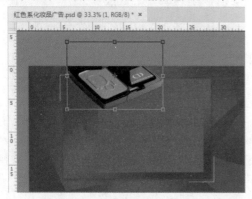

图 11-166

（2）继续使用同样的方法将其他素材置入画面，并放置在合适的位置，如图 11-167 所示。

图 11-167

（3）选中银色口红，将其复制并向右下方移动，如图 11-168 所示。接着使用"自由变换"快捷键 Ctrl+T 将其旋转至合适的角度，如图 11-169 所示。图形调整完成之后按 Enter 键结束变换。

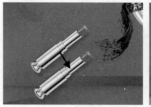

图 11-168 　　　　　　　图 11-169

（4）在"图层"面板中按住 Ctrl 键依次单击加选所有素材图层，右击执行"创建剪贴蒙版"命令，如图 11-170 所示。此时画面效果如图 11-171 所示。

图 11-170 　　　　　　　图 11-171

（5）制作文字部分。单击"横排文字工具"，在选项栏中设置合适的字体、字号，将文字颜色设置为白色，设置完成后在画面中的合适位置单击，建立文字输入的起点，接着输入文字，文字输入完成后按快捷键 Ctrl+Enter，如图 11-172 所示。继续使用同样的方法制作画面中其他文字，案例完成效果如图 11-173 所示。

图 11-172 　　　　　　　图 11-173

11.6 项目实例：冰爽感旅行产品广告

文件路径	资源包\第11章\项目实例：冰爽感旅行产品广告
难易指数	⭐⭐⭐⭐⭐
技术掌握	横排文字工具、椭圆工具、自定形状工具

案例效果

案例效果如图11-174所示。

图11-174

11.6.1 创意解析

从主体文字与图案的关系上来说，该作品采用包围式的构图方式，将被装饰图案包围着的主题文字摆放在画面中间位置，这样的版面设计既可以将视线聚拢，又可以帮助信息更好地传递。同时画面还采用淡蓝色作为主色调，大面积的蓝色给人一种清凉、冰爽的视觉感受，特别是冰块图案的添加，让这种冰爽感更加强烈，为夏日带来舒适的凉意。

11.6.2 制作背景部分

（1）执行"文件"→"打开"命令，打开背景素材，如图11-175所示。

扫一扫，看视频

图11-175

（2）置入冰块素材，如图11-176所示。接着将该图片拖动到画面底部位置，按Enter键确定置入操作，然后在"图层"面板中右击该图层，执行"栅格化图层"命令，将其转化为普通图层，如图11-177所示。

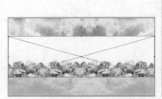

图11-176　　　　　图11-177

（3）针对冰块进行抠图。单击工具箱中"快速选择工具" ，在选项栏中适当地调整画笔大小，如图11-178所示。接着选择冰块图层，用光标在画面中的冰块位置细致涂抹绘制选区，如图11-179所示。

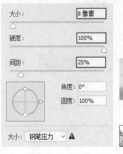

图11-178　　　　　图11-179

（4）单击"图层"面板下方的"添加图层蒙版"按钮 ，此时冰块的白色背景将被隐藏，蒙版效果如图11-180所示。此时画面效果如图11-181所示。

图11-180　　　　　图11-181

（5）置入素材，调整至合适位置后按照上述方法将其栅格化，如图11-182所示。

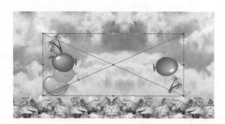

图 11-182

11.6.3 制作广告文字

扫一扫，看视频

（1）在工具箱中选择"横排文字工具"，在画面中的合适位置输入文字。此时画面效果如图 11-183 所示。

图 11-183

（2）单击"图层"面板下方的"添加图层样式"按钮 *fx*，勾选"描边"选项。在弹出的"描边"参数设置页面中设置"大小"为 46 像素，"位置"为"外部"，"不透明度"为 100%，"颜色"为蓝色，如图 11-184 所示。此时画面效果如图 11-185 所示。

图 11-184

图 11-185

（3）复制主体文字，右击执行"清除图层样式"命令。执行"图层"→"图层样式"→"渐变叠加"命令，编辑一种黄白色渐变，如图 11-186 所示。在左侧样式列表中勾选"投影"选项，设置"混合模式"为"正片叠底"，"投影"的颜色为黑色，"角度"为 120 度，"距离"为 22 像素，"扩展"为 7%，"大小"为 8 像素，如图 11-187 所示。

图 11-186

图 11-187

（4）此时画面效果如图 11-188 所示。复制第一行的文字图层，向下移动并更改文字内容，画面效果如图 11-189 所示。

图 11-188

图 11-189

（5）绘制版面底部的正圆形。单击工具箱中的"椭圆选框工具"，在画面中按住 Shift 键绘制正圆形选区。新建图层，将前景色设置为白色，按快捷键 Alt+Delete 进行前景色填充。执行"编辑"→"描边"命令，接着在弹出的"描边"对话框中设置合适的"宽度"和"颜色"，如图 11-190 所示，效果如图 11-191 所示。

图 11-190

图 11-191

（6）在"图层"面板中选中圆形图层，将其"填充"设置为 80%，如图 11-192 所示。此时能隐约看见下部图层中的冰块，效果如图 11-193 所示。

图 11-192　　　　　　图 11-193

（7）执行"图层"→"添加图层样式"→"投影"命令，设置"混合模式"为"正片叠底"，颜色为黑色，"不透明度"为75%，"角度"为120度，"距离"为18像素，"扩展"为9%，"大小"为16像素。设置完成后单击"确定"按钮，如图 11-194 所示。此时正圆形效果呈现立体感，如图 11-195 所示。

图 11-194　　　　　　图 11-195

（8）复制该图层并将其摆放到合适的位置，如图 11-196 所示。

图 11-196

（9）继续选择"横排文字工具"，在选项栏中设置合适的参数，在正圆形中分别添加等大的文字，如图 11-197 所示。

图 11-197

（10）选择工具箱中的"自定形状工具"，在选项栏中设置绘制模式为"形状"，"填充"为蓝色，单击"形状"下拉按钮，选择合适的形状，在圆内按住鼠标左键拖动进行绘制，如图 11-198 所示。绘制完成后的画面效果如图 11-199 所示。

图 11-198

图 11-199

（11）置入前景装饰素材4，适当调整位置并将其栅格化，画面最终效果如图 11-200 所示。

图 11-200

11.7 项目实例：运动产品宣传广告

文件路径	资源包\第11章\项目实例：运动产品宣传广告
难易指数	★★★★★
技术掌握	图层样式、钢笔工具、剪贴蒙版、横排文字工具

案例效果

案例效果如图 11-201 所示。

图 11-201

11.7.1 创意解析

本案例的版面按照黄金分割比例，将画面分为左右两个部分，人像在左侧，文字在右侧，画面均衡、舒适。倾斜的文字增强了画面的律动感，蓝色与黄色的搭配形成鲜明对比，使整个版面显得青春、活泼。

11.7.2 制作广告中的图形部分

扫一扫，看视频

（1）执行"文件"→"新建"命令，创建一个空白文档。单击"前景色"按钮，在弹出的"拾色器（前景色）"窗口中设置颜色为青色，然后单击"确定"按钮，如图 11-202 所示。

图 11-202

（2）在"图层"面板中选择"背景"图层，使用"前景色填充"快捷键 Alt+Delete 进行填充，效果如图 11-203 所示。

图 11-203

（3）在"图层"面板中选中"背景"图层，单击图层后侧的 🔒 按钮，将此图层转换为普通图层。接着执行"图层"→"图层样式"→"图案叠加"命令，在"图层样式"对话框中设置"混合模式"为"正常"，"不透明度"为44%，选择一个合适的图案，设置"缩放"为41%，参数设置如图 11-204 所示。设置完成后单击"确定"按钮，效果如图 11-205 所示。

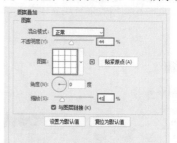

图 11-204

图 11-205

提示：如何使用相同的图案？

可以载入素材文件夹中的图案库素材 3.pat，如图 11-206 所示。

图 11-206

（4）为了丰富背景的层次感，接下来为画面添加朦胧感的青色。创建一个新图层，选择工具箱中的"画笔工具"，选择"柔边圆"画笔，设置"大小"为1100像素，"硬度"为0%，如图 11-207 所示。在工具箱底部设置前景

中文版 Photoshop 电商美工设计从入门到实战（全程视频版）（下册）

色为浅青色，选择刚创建的空白图层，在画面右上角单击进行绘制，丰富背景效果，如图 11-208 所示。

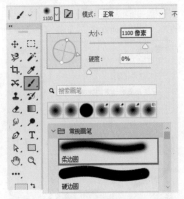

图 11-207

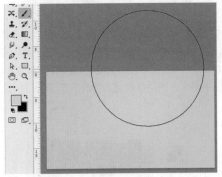

图 11-208

（5）制作背景装饰图形。单击"钢笔工具"，在选项栏中设置绘制模式为"形状"，单击选项栏中的"填充"下拉按钮，在下拉面板中单击"渐变"按钮，然后编辑一个蓝色系的渐变，选择"线性"渐变，设置渐变角度为 45。接着回到选项栏中，设置"描边"为无，设置完成后在画面中合适的位置绘制出一个四边形，如图 11-209 所示。

图 11-209

（6）在"图层"面板中选中四边形图层，在面板的下方单击"添加图层蒙版"按钮，然后单击"渐变工具"，在选项栏中设置一个黑白系的渐变，接着单击"线性渐变"按钮。选中四边形图层的图层蒙版，按住鼠标左键从右上方向左下方拖动，画面效果如图 11-210 所示。

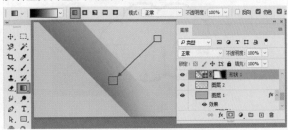

图 11-210

（7）继续使用同样的方法制作另外两个图形，如图 11-211 所示。执行"文件"→"置入嵌入对象"命令，将云朵素材置入画面，调整其大小及位置后按 Enter 键完成置入。在"图层"面板中右击该图层，在弹出的菜单中执行"栅格化图层"命令，如图 11-212 所示。

图 11-211　　　　　　图 11-212

（8）继续使用同样的方法置入人物素材并摆放在合适的位置，如图 11-213 所示，按 Enter 键完成置入并将其栅格化。

图 11-213

11.7.3　制作广告中的文字元素

（1）制作主体文字。单击"横排文字工具"，在选项栏中设置合适的字体、字号，将文字颜色设置为黄色，设置完成后在云朵上方单击，建立文字输入的起点，接着

扫一扫，看视频

输入文字，文字输入完成后按快捷键 Ctrl+Enter，如图 11-214 所示。继续使用同样的方法绘制出另外两组文字。将云朵素材图层隐藏，此时画面效果如图 11-215 所示。

图 11-214

图 11-215

（2）为文字制作底色。将云朵素材显示出来，按住 Ctrl 键单击加选三个文字图层，然后使用快捷键 Ctrl+Alt+E 得到一个合并图层，如图 11-216 所示。接着在"图层"面板中按住 Ctrl 键的同时单击文字合并图层的缩览图载入选区，如图 11-217 所示。

图 11-216

图 11-217

（3）在保持选区不变的状态下，执行"选择"→"修改"→"扩展"命令，在弹出的"扩展选区"对话框中设置"扩展量"为 12 像素，单击"确定"按钮，如图 11-218 所示。此时画面效果如图 11-219 所示。

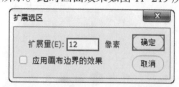

图 11-218

图 11-219

（4）创建一个新图层，设置前景色为深蓝色，使用"前景色填充"快捷键 Alt+Delete 进行填充，底色制作完成效果如图 11-220 所示。接着使用快捷键 Ctrl+D 取消选区。在"图层"面板中将底色图层移动至文字的下方，如图 11-221 所示。

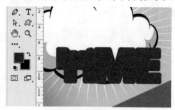

图 11-220

图 11-221

（5）继续制作上方的文字，如图 11-222 所示。

图 11-222

（6）单击"矩形工具"，在选项栏中设置绘制模式为"形状"，"填充"为深蓝色，"描边"为无，圆角半径为1.5 像素，设置完成后在文字左侧按住鼠标左键拖动绘制一个小圆角矩形，效果如图 11-223 所示。选中小圆角矩形图层，使用快捷键 Ctrl+J 复制出一个相同的图层，然后按住 Shift 键的同时按住鼠标左键将其向右拖动，进行水平移动操作，如图 11-224 所示。

图 11-223

图 11-224

（7）制作下方图形。单击"钢笔工具"，在选项栏中设置绘制模式为"形状"，"填充"为红色，"描边"为无，设置完成后在主体文字下方绘制出一个四边形，如图 11-225 所示。

图 11-225

（8）在"图层"面板中选中四边形图层，右击执行"栅格化图层"命令，如图 11-226 所示。

图 11-226

（9）单击"多边形套索工具"，在红色四边形左侧绘制一个三角形选区，如图 11-227 所示。接着选中红色四边形，按 Delete 键将选区内不需要的像素删除，如图 11-228 所示。使用快捷键 Ctrl+D 取消选区的选择。

图 11-227　　　　　图 11-228

（10）创建一个新图层，继续单击"多边形套索工具"，在红色图形上方绘制一个三角形选区，如图 11-229 所示。设置前景色为红色，使用"前景色填充"快捷键 Alt+Delete 进行填充，接着使用快捷键 Ctrl+D 取消选区，效果如图 11-230 所示。继续使用同样的方法将其他三角形制作出来，如图 11-231 所示。

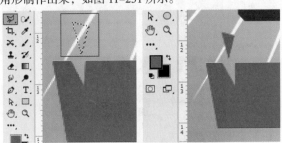

图 11-229　　　　　图 11-230

图 11-231

（11）单击"椭圆工具"，在选项栏中设置绘制模式为"形状"，"描边"为白色，描边粗细为 2 点。设置完成后在粉红色四边形左侧按住快捷键 Shift+Alt 的同时按住鼠标左键拖动，绘制一个正圆形，如图 11-232 所示。接着使用快捷键 Ctrl+J 复制出一个相同的图层，然后使用"自由变换"快捷键 Ctrl+T，按住 Alt 键的同时按住鼠标左键拖动角点，将其缩小一些，如图 11-233 所示，按 Enter 键结束变换。

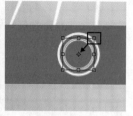

图 11-232　　　　　　　　图 11-233

（12）单击"横排文字工具"，在选项栏中设置合适的字体、字号，将文字颜色设置为白色，接着输入文字，文字输入完成后按快捷键 Ctrl+Enter，如图 11-234 所示。接着将其旋转至合适的角度，如图 11-235 所示。使用同样的方法将右侧文字绘制出来，如图 11-236 所示。

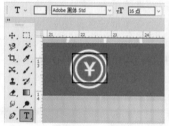

图 11-234　　　　　　　　图 11-235

图 11-236

（13）单击"钢笔工具"，在选项栏中设置绘制模式为"形状"，"填充"为无，"描边"为白色，描边粗细为 5 点。设置完成后在粉红色四边形右下方绘制出一个三角形，如图 11-237 所示。

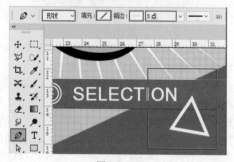

图 11-237

（14）在"图层"面板中按住 Ctrl 键依次单击加选图形及文字图层，使用快捷键 Ctrl+Alt+E 得到一个合并图层，然后将原图层隐藏，如图 11-238 所示。

图 11-238

（15）在"图层"面板中选择刚合并的图层，然后执行"编辑"→"变换"→"扭曲"命令，调整控制点的位置，效果如图 11-239 所示。调整完成后按 Enter 键结束变换。案例完成效果如图 11-240 所示。

图 11-239

图 11-240

Chapter
12
第12章

扫一扫，看视频

详情页设计

本章内容简介：

    通过"商品主图"打开的链接就是这个商品的详情页，卖家通常以"图文混排"的方式传递商品的相关信息，满足消费者想要了解商品的需求，进而激发消费者的购买欲望，达到提高销量的目的。所以这就要求电商美工设计人员必须了解商品详情页的构成内容。本章列举了商品详情页的主要构成与一些项目实例，以帮助设计人员快速了解详情页的基本内容并掌握一定的设计方法。

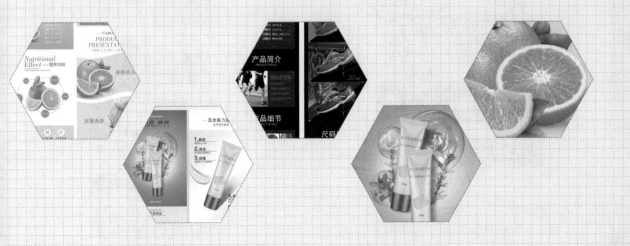

12.1 详情页的构成

商品详情页是对单独商品进行介绍的页面，通过浏览此页面能够起到激发客户的消费欲望、打消客户的顾虑、促进客户下单的作用。

12.1.1 商品详情页的构成

商品详情页一般由 4 个部分组成：主图、左侧模块、商品详情内容、页面尾部。

1. 主图

主图是对商品的介绍，是给客户的第一印象。因为商品在搜索中是以图片的形式展示给客户的，商品给客户的第一印象直接影响了客户的点击率，也会间接影响产品的曝光率，从而影响商品的销量，如图 12-1～图 12-3 所示。

图 12-1

图 12-2

图 12-3

2. 左侧模块

左侧模块主要包括客服中心、商品分类、自定义版块，这里可以向客户传递出的信息包括店铺客服时间、

售前和售后客服人员，自定义版块也可以是销量的排行榜，便于客户更快捷地进行选择。图 12-4 与图 12-5 所示为不同风格的商品分类。

图 12-4   图 12-5

3. 商品详情内容

用户通过浏览商品详情内容可以了解商品属性、打消疑虑、对店铺产生好感。在商品详情内容中需要进行商品展示、尺寸选择、颜色选择、场景展示、细节展示、搭配推荐、好评截图、包装展示等。详情页的内容通常比较多，所以需要注意主次关系，因为这是影响客户是否购买此商品的关键之一。图 12-6 所示为一个商品的详情页。

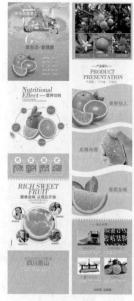

图 12-6

4. 页面尾部

最后是页面的尾部，这里需要做到和整体相呼应，可以是购物须知、注意事项、售后保障问题/物流等信息。

12.1.2 商品详情页的内容安排

商品详情内容就如同推销员一样，向客户推销商品、打消客户的疑虑，其对提高商品的销量具有至关重要的作用。那么我们应该在商品详情内容中安排一些什么内容才能引起客户的注意并使其产生购买欲望呢？

1. 头图一定要吸引人

当客户打开详情页之后，一般是从上向下浏览的，所以详情内容的头图要能够吸引客户的眼球，让其产生继续浏览的兴趣。要想做到这一点，就必须要仔细挑选头图，头图可以是商品的广告，也可以是商品的照片，还可以是短视频,总之要能引起客户的注意,如图12-7和图12-8所示。

图 12-7　　　　　　　图 12-8

2. 体现商品卖点/特性

在成功吸引客户的注意后，就需要向客户进一步展示商品了。将客户的需求作为卖点，更容易促成交易，提升商品销量，如图12-9与图12-10所示。

图 12-9　　　　　　　图 12-10

3. 体现商品属性

通过主图将客户引导到详情页中就是为了让客户更加详细地了解商品。每种商品的属性都不同，如衣服有不同的尺码、材质、版型等属性，这些属性都需要在详情页中体现出来，在排版中以表格的形式呈现更清晰直观，如图12-11和图12-12所示。

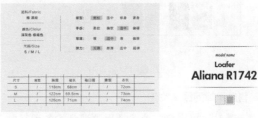

图 12-11　　　　　　　图 12-12

4. 全方位展示商品

在详情页中可以全方位地展示商品，让客户不断地了解商品的特点，还可以添加一些细节图让客户不仅可以了解商品的主体，而且可以了解局部细节，甚至还可以添加一些买家秀，拉近与客户之间的距离，增加客户的好感度，如图12-13与图12-14所示。

图 12-13　　　　　　　图 12-14

5. 商品实力展示

对于一些特殊的商品，还可以将店铺的资格证书以及生产车间的情况等展示出来，这样可以表现出品牌的实力，有利于取得客户的信任。

6. 推荐其他商品

在详情页中推荐店铺中的其他热销商品，能够让客户在浏览页面的同时，注意到店铺中其他的商品。如果感兴趣就可以打开链接快速进入其他商品的详情页中。但是这些推荐商品不宜过多，如果过多，可能会分散客户的注意力，起到适得其反的作用，如图12-15所示。

图 12-15

7. 售后保障问题／物流

售后就是解决客户在消费过程中遇到的各种问题，如是否支持 7 天无理由退换货、发什么快递、快递大概几天到达、商品质量问题怎么解决等。添加售后保障信息与物流信息不仅可以解决客户一部分的疑虑，增强客户对店铺的信任感，还可以减轻客服的工作压力，如图 12-16 所示。

图 12-16

<table>
<tr><td colspan="2" style="text-align:center">12.2　项目实例：多彩水果详情页</td></tr>
<tr><td>文件路径</td><td>资源包 \ 第 12 章 \ 项目实例：多彩水果详情页</td></tr>
<tr><td>难易指数</td><td>★★★★★</td></tr>
<tr><td>技术掌握</td><td>滤镜库、图层蒙版、横排文字工具、剪贴蒙版、图层样式</td></tr>
</table>

案例效果

案例效果如图 12-17 所示。

图 12-17

12.2.1　创意解析

这是一款水果产品的详情页，本案例选择了与橙子接近的中明度黄色作为详情页的主色调，给人一种甘甜、美味、活泼的视觉感受，很容易激发消费者的购买欲望。本案例以白色为底色，搭配橙色，并以绿色、橘黄色为点缀色，使整个画面洋溢着甘甜与活力。

整个详情页利用色彩、线条等元素将画面划分为若干个模块，并根据不同版面的内容采用不同的排版方式，既可以让整个画面主次分明，同时又增强了版面的活跃感。

12.2.2　首屏海报

扫一扫，看视频

（1）新建一个宽度为 750 像素，高度为 7220 像素的空白文档。将前景色设置为黄色，使用"前景色填充"快捷键 Alt+Delete 进行填充，如图 12-18 所示。

中文版 Photoshop 电商美工设计从入门到实战（全程视频版）（下册）

（2）制作首图的背景。新建图层，选择工具箱中的"矩形选框工具"，按住鼠标左键拖动绘制矩形选区，如图 12-19 所示。选择工具箱中的"渐变工具"，打开"渐变编辑器"对话框，编辑一个橙黄色的渐变，如图 12-20 所示。设置完成后单击选项栏中的"线性渐变"按钮，按住鼠标左键拖动进行填充，释放鼠标后即可完成填充操作，如图 12-21 所示。

图 12-18

图 12-19

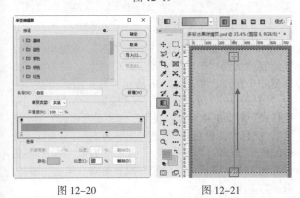

图 12-20　　　　　　　图 12-21

（3）置入背景素材 1.jpg，移动至画面的顶部位置。右击该图层，执行"滤镜"→"滤镜库"命令，打开"扭曲"

滤镜组，单击选择"玻璃"滤镜，设置"扭曲度"为 5，"平滑度"为 3，"纹理"为"磨砂"，"缩放"为 100%，参数设置如图 12-22 所示。设置完成后单击"确定"按钮，效果如图 12-23 所示。

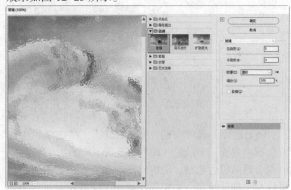

图 12-22

图 12-23

（4）为背景素材图层添加图层蒙版，选中图层蒙版，使用"渐变工具"，编辑一个由白色到黑色的渐变，在蒙版中拖动进行填充。图层蒙版中的黑白关系如图 12-24 所示，画面效果如图 12-25 所示。

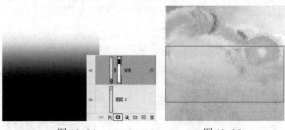

图 12-24　　　　　　　图 12-25

（5）新建图层，选择工具箱中的"渐变工具"，打开"渐变编辑器"对话框，编辑一个由青色到透明的渐变，如

图 12-26 所示。设置渐变类型为"线性渐变",在画面的右上角位置按住鼠标左键拖动进行填充,如图 12-27 所示。

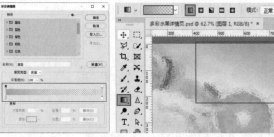

图 12-26　　　　　　图 12-27

（6）选择工具箱中的"矩形工具",在选项栏中设置绘制模式为"形状","填充"为无,"描边"为白色,设置合适的描边粗细,设置完成后在背景图片上方按住鼠标左键拖动绘制一个矩形,如图 12-28 所示。选中矩形图层,单击"图层"面板底部的"添加图层蒙版"按钮,为该图层添加图层蒙版。将前景色设置为黑色,选择工具箱中的"画笔工具",选择一个硬边圆画笔,设置合适的笔尖大小,在矩形上方涂抹,隐藏部分像素,制作出缺口,如图 12-29 所示。

图 12-28　　　　　　图 12-29

（7）置入人像素材,调整素材大小并移动至画面的顶部位置。选择工具箱中的"快速选择工具",单击选项栏中的"添加到选区"按钮,设置合适的笔尖大小,按住鼠标左键拖动得到人物的选区,如图 12-30 所示。接着单击"图层"面板底部的"添加图层蒙版"按钮,基于当前选区添加图层蒙版。此时画面效果如图 12-31 所示。

图 12-30　　　　　　图 12-31

（8）新建一个"曲线"调整图层,在曲线的高光和阴影位置分别添加控制点并向左上方拖动,单击"属性"面板底部的 按钮创建剪贴蒙版,如图 12-32 所示。此时画面效果如图 12-33 所示。

图 12-32　　　　　　图 12-33

（9）将橙汁素材置入文档,移动至人物的左下方,如图 12-34 所示。选中该图层,使用快捷键 Ctrl+J 将图层复制一份,使用"自由变换"快捷键 Ctrl+T,先将橙汁移动至画面右上角,将其进行水平翻转后进行适当旋转,如图 12-35 所示。变换完成后按 Enter 键提交操作。

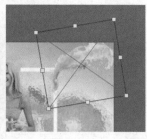

图 12-34　　　　　　图 12-35

（10）选择工具箱中的"矩形工具",在选项栏中设置绘制模式为"形状","填充"为红色,在人物下方绘制一个矩形,如图 12-36 所示。选中矩形图层,执行"图层"→"图层样式"→"投影"命令,在"图层样式"对话框中设置"投影"的"混合模式"为"正常",颜色为深橙色,"不透明度"为 50%,"角度"为120 度,"距离"为 8 像素,"大小"为 10 像素,参数设置如图 12-37 所示。设置完成后单击"确定"按钮,效果如图 12-38 所示。

（11）将素材 4.png、5.png 和 6.png 依次置入文档,摆放到合适位置,如图 12-39 所示。

图 12-36　　　　　　　图 12-37

图 12-38　　　　　　　图 12-39

（12）选择工具箱中的"横排文字工具"，在画面中单击插入光标，在选项栏中设置合适的字体、字号，设置文字颜色为白色，输入文字，如图 12-40 所示。

（13）选择工具箱中的"矩形工具"，在选项栏中设置绘制模式为"形状"，"填充"为白色，在人物右下方绘制一个矩形，如图 12-41 所示。选中矩形图层，执行"图层"→"图层样式"→"投影"命令，在"图层样式"对话框中设置"投影"的"混合模式"为"正常"，颜色为深橙色，"不透明度"为68%，"角度"为120度，"距离"为5像素，"大小"为21像素，参数设置如图 12-42 所示。设置完成后单击"确定"按钮，效果如图 12-43 所示。

图 12-40　　　　　　　图 12-41

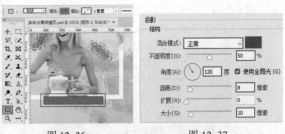

图 12-42　　　　　　　图 12-43

（14）继续使用"横排文字工具"在矩形上方依次添加文字，效果如图 12-44 所示。

图 12-44

（15）选择工具箱中的"横排文字工具"，在首图下方输入文字。选中文字图层，执行"窗口"→"字符"命令，在"字符"面板中设置合适的字体、字号，单击"仿斜体"按钮，如图 12-45 所示。接着继续输入相应的文字，如图 12-46 所示。

图 12-45　　　　　　　图 12-46

（16）置入橙子素材，放置在画面的左侧，如图 12-47 所示。在橙子素材 7.png 图层下一层新建图层，选择工具箱中的"画笔工具"，在"画笔预设选取器"中选择"柔边圆"画笔，设置"大小"为150像素，将笔尖调整为椭圆形。设置"不透明度"为50%，接着在橙子的下方涂抹绘制阴影，如图 12-48 和图 12-49 所示。

（17）将笔尖调小，增加"不透明度"和"流量"数值，在橙子正下方涂抹，加深阴影，如图 12-50 所示。

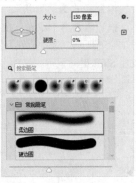

图 12-47　　　　　　　图 12-48

图 12-49　　　　　　　　图 12-50

（18）使用"横排文字工具"，在橙子右侧添加文字。将文字选中，在打开的"字符"面板中设置合适的字体、字号，单击"仿粗体"按钮。如图 12-51 所示。继续在右侧添加文字，将文字选中，设置合适的字体、字号，单击"仿粗体"按钮，如图 12-52 所示。

图 12-51　　　　　　　　图 12-52

（19）第一行文字输入完成后，按 Enter 键进行换行，输入文字并更改字体，如图 12-53 所示。文字输入完成后按快捷键 Ctrl+Enter 提交操作。选中文字图层，在打开的"字符"面板中设置"行距"为 36 点，如图 12-54 所示。

图 12-53　　　　　　　　图 12-54

（20）选择工具箱中的"钢笔工具"，在选项栏中设置绘制模式为"形状"，"填充"为无，"描边"为白色，描边粗细为 1 像素，在文字下方绘制一条直线，如图 12-55 所示。选中直线，使用快捷键 Ctrl+J 复制一层，按住 Shift 键向下垂直移动，如图 12-56 所示。

图 12-55　　　　　　　　图 12-56

（21）使用相同的方法复制直线，并移动至文字下方，效果如图 12-57 所示。产品简介部分制作完成。

图 12-57

12.2.3　产品信息

扫一扫，看视频

（1）新建图层，选择工具箱中的"矩形选框工具"，按住鼠标左键拖动绘制矩形选区，如图 12-58 所示。将前景色设置为白色，使用快捷键 Alt+Delete 进行填充，如图 12-59 所示。

（2）使用"横排文字工具"添加文字。在添加文字时需要注意主次关系，如图 12-60 所示。

图 12-58　　　　　　　　图 12-59

图 12-60

（3）选择工具箱中的"椭圆工具"，在选项栏中设置绘制模式为"形状"，"填充"为无，"描边"为橙色，描边粗细为 2 像素，在画面中按住 Shift 键拖动绘制正

中文版 Photoshop 电商美工设计从入门到实战（全程视频版）（下册）

圆形，如图 12-61 所示。选中正圆形图层，使用快捷键 Ctrl+J 将正圆形复制一份，向右移动，使用"自由变换"快捷键 Ctrl+T 将正圆形等比放大，如图 12-62 所示。按 Enter 键确定变换操作。

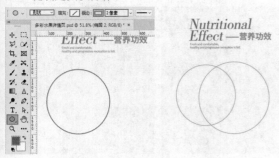

图 12-61   图 12-62

（4）将橙子素材 8.png 置入文档，移动至两个正圆形的中间位置，如图 12-63 所示。在该橙子图层下方新建图层，选择工具箱中的"画笔工具"，将前景色设置为灰色，设置合适的笔尖大小，在橙子下方涂抹绘制阴影。如果阴影颜色过深，可以在"图层"面板中降低该图层的"不透明度"，如图 12-64 所示。

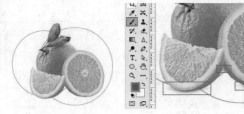

图 12-63   图 12-64

（5）选择工具箱中的"椭圆工具"，在选项栏中设置绘制模式为"形状"，"填充"为白色，"描边"为橘色，描边粗细为 3 像素。设置完成后按住 Shift 键的同时按住鼠标左键拖动绘制正圆形，如图 12-65 所示。继续在正圆形上方绘制一个稍小的正圆形，设置"填充"为橘色，"描边"为无，如图 12-66 所示。

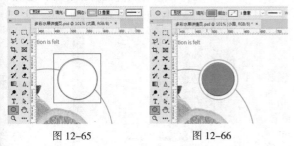

图 12-65   图 12-66

（6）在"图层"面板中加选两个正圆形图层，使用

快捷键 Ctrl+J 将其复制一份，移动位置，如图 12-67 所示。在加选两个图层的状态下，使用"自由变换"快捷键 Ctrl+T 将其等比缩小，如图 12-68 所示。

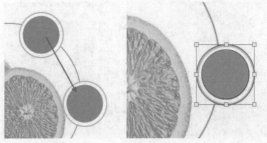

图 12-67   图 12-68

（7）继续复制，调整大小和位置，如图 12-69 所示。使用"横排文字工具"依次在正圆形上方添加文字，并根据正圆形的大小调整文字的大小，如图 12-70 所示。

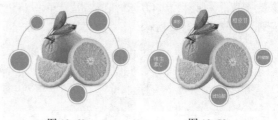

图 12-69   图 12-70

（8）将树叶素材 9.png 置入文档，移动至合适位置，效果如图 12-71 所示。

图 12-71

（9）选择工具箱中的"矩形工具"，在选项栏中设置绘制模式为"形状"，"填充"为无，"描边"为白色，描边粗细为 3 像素，"半径"为 28 像素，在相应位置绘制圆角矩形，如图 12-72 所示。选择工具箱中的"椭圆

工具",在圆角矩形上部绘制一个正圆形,设置"填充"为白色,"描边"为无,如图 12-73 所示。

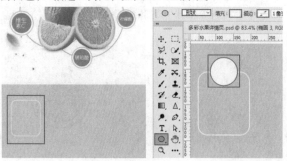

图 12-72 　　　　　　图 12-73

(10)选中正圆形,执行"图层"→"图层样式"→"外发光"命令,设置"混合模式"为"正常","不透明度"为 36%,颜色为橙色,"方法"为"柔和","大小"为 7 像素,参数设置如图 12-74 所示。设置完成后单击"确定"按钮,效果如图 12-75 所示。

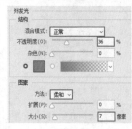

图 12-74 　　　　　　图 12-75

(11)使用"横排文字工具"在正圆形上方添加文字,如图 12-76 所示。选中"横排文字工具",在圆角矩形内部按住鼠标左键拖动绘制文本框,设置合适的字体、字号,接着输入文字。文字输入完成后选中文本框,执行"窗口"→"段落"命令,在"段落"面板中单击"最后一行左对齐"按钮,设置"避头尾法则设置"为"JIS 宽松",如图 12-77 所示。

图 12-76 　　　　　　图 12-77

(12)加选此处制作的文字和形状图层,使用快捷键 Ctrl+G 进行编组。选中图层组,使用快捷键 Ctrl+J 将图层组复制一份,向右拖动,如图 12-78 所示。接着更改

文字内容,如图 12-79 所示。

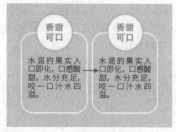

图 12-78

图 12-79

(13)使用相同的方法制作另外两组图形和文字,效果如图 12-80 所示。

(14)选择工具箱中的"矩形工具",在选项栏中设置绘制模式为"形状","填充"为白色,在下一个区域绘制一个矩形,如图 12-81 所示。

图 12-80

图 12-81

中文版 Photoshop 电商美工设计从入门到实战(全程视频版)(下册)

（15）选择工具箱中的"钢笔工具"，在选项栏中设置绘制模式为"形状"，"填充"为黄色，"描边"为无，绘制一个三角形，如图 12-82 所示。选择工具箱中的"移动工具"，按住快捷键 Alt+Shift 将其向右平移并复制，如图 12-83 所示。继续进行平移并复制的操作。锯齿图案效果如图 12-84 所示。加选此处的三角形图层，使用快捷键 Ctrl+E 进行合层。

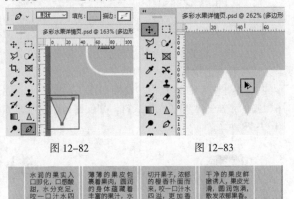

图 12-82　　　　　图 12-83

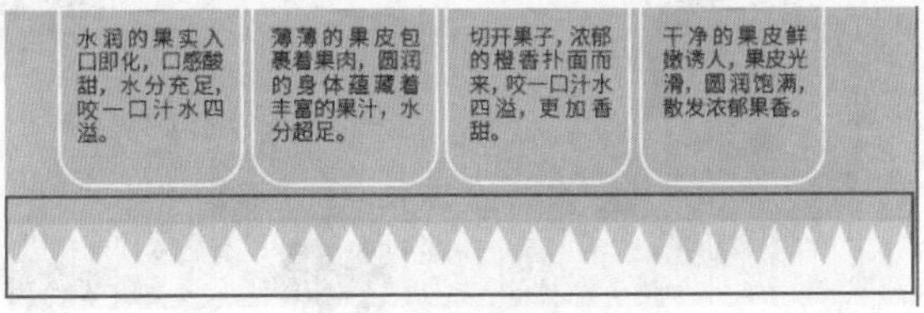

图 12-84

（16）使用"横排文字工具"在画面相应位置添加文字，如图 12-85 所示。

RICH SWEET FRUIT

健康美味 从现在开始

绿色纯天然安全放心

Fresh and comfortable

图 12-85

（17）选择工具箱中的"椭圆工具"，在选项栏中设置绘制模式为"形状"，"填充"为黄色，绘制一个正圆形，如图 12-86 所示。选中正圆形图层，执行"图层"→"图层样式"→"外发光"命令，设置"混合模式"为正常，"不透明度"为 36%，颜色为橙色，"方法"为"柔和"，"大小"为 7 像素，参数设置如图 12-87 所示。设置完成后单击"确定"按钮，效果如图 12-88 所示。

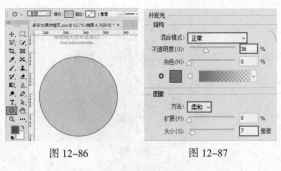

图 12-86　　　　　图 12-87

图 12-88

（18）将橙子素材 10.jpg 置入文档，如图 12-89 所示。选中素材图层，执行"滤镜"→"锐化"→"智能锐化"命令，设置"数量"为 203%，"半径"为 2.0 像素，"减少杂色"为 20%，"移去"为"高斯模糊"，设置完成后单击"确定"按钮，如图 12-90 所示。接着在"图层"面板中选中该图层，右击执行"创建剪贴蒙版"命令，以正圆形为基底图层创建剪贴蒙版，效果如图 12-91 所示。

图 12-89

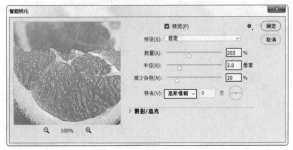

图 12-90

图 12-91

（19）选择工具箱中的"椭圆工具"，在选项栏中设置绘制模式为"形状"，"填充"为无，"描边"为橙色，描边粗细为 3 像素，描边类型为虚线，如图 12-92 所示。继续使用"椭圆工具"绘制一个黄色的正圆形，如图 12-93 所示。

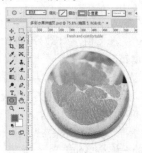
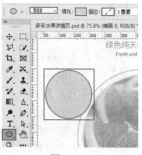

图 12-92　　　　　　　图 12-93

（20）选中黄色正圆形图层，执行"图层"→"图层样式"→"描边"命令，设置"描边"的"大小"为 2 像素，"位置"为"内部"，"混合模式"为"正常"，"填充类型"为"颜色"，"颜色"为橙色，如图 12-94 所示。单击列表中的"外发光"选项，设置"混合模式"为"正常"，"不透明度"为 36%，颜色为深橘色，"方法"为"柔和"，"大小"为 7 像素，如图 12-95 所示。

图 12-94　　　　　　　图 12-95

（21）设置完成后单击"确定"按钮，效果如图 12-96 所示。将正圆形复制 4 份，并调整大小移动到相应位置，如图 12-97 所示。

图 12-96　　　　　　　图 12-97

（22）将人物素材 11.jpg 置入文档，移动到正圆形上方，接着右击执行"创建剪贴蒙版"命令，根据正圆形的大小调整人物的大小，效果如图 12-98 所示。使用相同的方法置入其他人物素材，并创建剪贴蒙版，如图 12-99 所示。

图 12-98　　　　　　　图 12-99

（23）使用"横排文字工具"在小圆形下方添加文字，如图 12-100 所示。选中文字图层，执行"图层"→"图层样式"→"外发光"命令，设置"外发光"的"混合模式"为"正常"，"不透明度"为 36%，颜色为深橘色，"方法"为"柔和"，"大小"为 2 像素，如图 12-101 所示。设置完成后单击"确定"按钮，效果如图 12-102 所示。

（24）将文字图层复制，并移动位置，更改文字内容，效果如图 12-103 所示。

图 12-100　　　　　　　图 12-101

中文版 Photoshop 电商美工设计从入门到实战（全程视频版）（下册）

图 12-102　　　　　图 12-103

（25）使用"横排文字工具"在其他位置添加文字，效果如图 12-104 所示。

图 12-104

（26）将水果素材 15.png 置入文档，移动到下方合适位置，选择工具箱中的"矩形选框工具"，在图片上绘制矩形选区，如图 12-105 所示。接着选择该图层，单击"图层"面板底部的"添加图层按钮"，基于当前选区添加图层蒙版，效果如图 12-106 所示。

图 12-105　　　　　　图 12-106

（27）选择工具箱中的"矩形工具"，在选项栏中设置绘制模式为"形状"，绘制矩形，如图 12-107 所示。将矩形复制两份，适当调整位置，效果如图 12-108 所示。

图 12-107　　　　　　图 12-108

（28）选中左侧矩形，置入花朵素材 16.png，右击执

行"创建剪贴蒙版"命令，效果如图 12-109 所示。继续置入另外两个水果素材，并创建剪贴蒙版，效果如图 12-110 所示。

图 12-109　　　　　　图 12-110

（29）选择工具箱中的"矩形工具"，设置绘制模式为"形状"，"填充"为橙色，"描边"为无，绘制一个矩形，如图 12-111 所示。选中矩形图层，执行"图层"→"图层样式"→"图案叠加"命令，设置"图案叠加"的"混合模式"为"颜色加深"，"不透明度"为 30%，设置合适的图案，如图 12-112 所示，效果如图 12-113 所示。

图 12-111

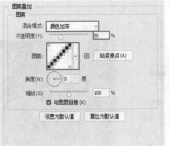

图 12-112　　　　　　图 12-113

提示：如何载入图案？

如果图案列表中没有想要使用的图案，可以在图案选择窗口中单击右上角的菜单按钮，执行"导入图案"命令，选择素材文件夹中的图案库素材 24.pat 即可导入，如图 12-114 所示。

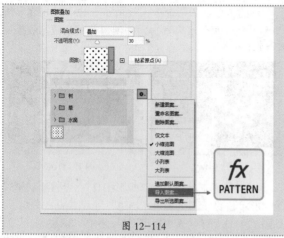

图 12-114

（30）将橘黄色矩形复制两份并移动到合适位置，如图 12-115 所示。接着使用"横排文字工具"依次添加文字，效果如图 12-116 所示。

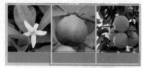

图 12-115

图 12-116

（31）将此处的素材图片、矩形、文字图层加选后使用快捷键 Ctrl+G 进行编组。选中图层组，执行"图层"→"图层样式"→"投影"命令，设置"混合模式"为"正常"，颜色为深褐色，"不透明度"为 43%，"角度"为 133 度，"距离"为 5 像素，"扩展"为 14%，"大小"为 1 像素，参数设置如图 12-117 所示。设置完成后单击"确定"按钮，效果如图 12-118 所示。

图 12-117

图 12-118

12.2.4 产品展示

（1）选择工具箱中的"矩形工具"，在选项栏中设置绘制模式为"形状"，"填充"为白色，"描边"为无，绘制一个白色的矩形作为底色，如图 12-119 所示。接着使用"横

扫一扫，看视频

排文字工具"在白色矩形顶部添加文字，如图 12-120 所示。

图 12-119

图 12-120

（2）选择工具箱中的"钢笔工具"，设置绘制模式为"形状"，"填充"为黄色，绘制一个图形，如图 12-121 所示。将产品简介位置的水果和阴影复制一份，并移动至黄色图形的左侧，如图 12-122 所示。

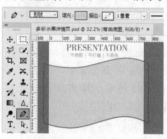

图 12-121

图 12-122

（3）继续置入素材 18.png 和 19.png，移动到合适位置。按住 Ctrl 键，单击底部的图形所在图层，载入选区，接着选中素材 18.png 图层，单击"图层"面板底部的"添加图层蒙版"按钮，为当前图层添加图层蒙版，画面效果如图 12-123 所示。使用工具箱中的"横排文字工具"，在黄色图形上方依次添加文字，效果如图 12-124 所示。

图 12-123

图 12-124

中文版 Photoshop 电商美工设计从入门到实战（全程视频版）（下册）

（4）将锯齿图层选中，使用快捷键 Ctrl+J 将图层复制一份，移动到下方版面中，如图 12-125 所示。选中该图层，执行"图层"→"图层样式"→"颜色叠加"命令，设置"颜色叠加"的"混合模式"为"正常"，颜色为白色，参数设置如图 12-126 所示。设置完成后单击"确定"按钮，效果如图 12-127 所示。

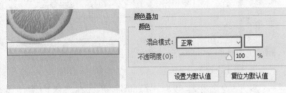

图 12-125　　　　　　　图 12-126

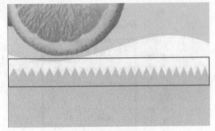

图 12-127

12.2.5　售后保障

（1）使用"横排文字工具"，在相应位置添加文字，如图 12-128 所示。将汽车素材置入文档，使用"矩形选框工具"在需要保留的区域绘制矩形选区，如图 12-129 所示。

扫一扫，看视频

图 12-128　　　　　　　图 12-129

（2）单击"图层"面板底部的"添加图层蒙版"按钮，基于当前选区添加图层蒙版，效果如图 12-130 所示。使用相同的方法置入另外三张图片，并将图片调整为统一大小，如图 12-131 所示。

图 12-130　　　　　　　图 12-131

（3）选择工具箱中的"钢笔工具"，在选项栏中设置绘制模式为"形状"，"填充"为无，"描边"为橙色，描边粗细为 3 像素，描边类型为虚线，在图片中间位置绘制一条直线，如图 12-132 所示。继续使用"横排文字工具"依次添加文字，效果如图 12-133 所示。本案例制作完成。

图 12-132　　　　　　　图 12-133

12.3　项目实例：清新化妆品详情页

文件路径	资源包 \ 第12章 \ 项目实例：清新化妆品详情页
难易指数	★★★★★
技术掌握	渐变工具、混合模式、横排文字工具、图层蒙版、钢笔工具

案例效果

案例效果如图 12-134 所示。

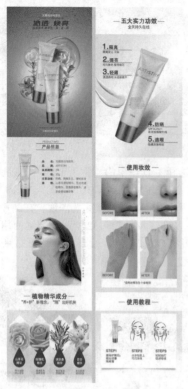

图 12-134

12.3.1 创意解析

这是一个隔离霜的详情页，详情页的主色调与产品包装的颜色相同，均为粉色调，既给人一种可爱、清新、温柔之感，还增强了画面的统一感。

该详情页的首图是一个精致的产品海报，这样设计不仅能够吸引客户的注意力，还能引起其向下浏览的兴趣。画面详细介绍了产品的信息、成分、功效、使用效果、使用方法等内容，有助于帮助客户全面了解产品。添加了使用前后的对比效果图来展现产品功效，十分有利于激发客户的购买欲望。

12.3.2 首屏海报

扫一扫，看视频

（1）新建一个空白文档。新建图层，选择工具箱中的"矩形选框工具"，在画面的顶部位置按住鼠标左键拖动绘制一个矩形选框，如图 12-135 所示。选择工具箱中的"渐变工具"，打开"渐变编辑器"，编辑一个粉色系的渐变，如图 12-136 所示。

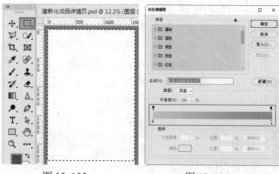

图 12-135   图 12-136

（2）设置渐变类型为"径向渐变"，在选区内按住鼠标左键拖动进行填充，如图 12-137 所示。

图 12-137

（3）将水波素材 1.jpg 置入文档，按 Enter 键确定置入操作。选择该图层，右击执行"创建剪贴蒙版"命令，设置该图层的"混合模式"为"颜色加深"，"不透明度"为 60%，如图 12-138 所示。此时画面效果如图 12-139 所示。

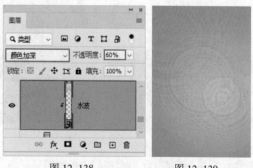

图 12-138   图 12-139

（4）新建图层，将前景色设置为浅粉色，选择"画笔工具"，设置"大小"为 1000 像素，"硬度"为 50%，设置完成后在画面中央位置涂抹，效果如图 12-140 所示。

中文版 Photoshop 电商美工设计从入门到实战（全程视频版）（下册）

图 12-140

（5）置入水珠素材 2.png，移动至画面顶部，设置该图层的"混合模式"为"正片叠底"，"不透明度"为 30%，效果如图 12-141 所示。为该图层添加图层蒙版，编辑一个由白色到黑色的渐变，设置渐变类型为"线性渐变"，在图层蒙版中拖动填充。此时图层蒙版中的黑白关系如图 12-142 所示。水珠素材效果如图 12-143 所示。

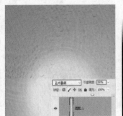

图 12-141　　　　图 12-142　　　　图 12-143

（5）新建一个可选颜色调整图层，设置"颜色"为"青色"，"青色"为 –100%，"洋红"为 +100%，"黑色"为 –100%，参数设置如图 12-144 所示。设置"颜色"为"中性色"，"青色"为 –100%，"洋红"为 +40%，单击 按钮创建剪贴蒙版，如图 12-145 所示。此时画面效果如图 12-146 所示。

图 12-144　　　　　　　　图 12-145

图 12-146

（7）置入花朵素材 3.png，如图 12-147 所示。将气泡素材 4.png 置入文档，移动至花朵的上方，并调整大小，如图 12-148 所示。

图 12-147　　　　　　　图 12-148

（8）将气泡调整为粉色调。新建一个"色相 / 饱和度"调整图层，设置"色相"为 –30，单击 按钮创建剪贴蒙版，如图 12-149 所示。此时画面效果如图 12-150 所示。

图 12-149　　　　　　　图 12-150

（9）置入花朵素材 5.png，如图 12-151 所示。加选气泡图层和其上方的"色相 / 饱和度"调整图层，使用快捷键 Ctrl+J 将其复制一份，在"图层"面板中将复制的两个图层移动至花朵素材 5.png 图层上方，并在画面中将两个图层向右移动，如图 12-152 所示。

图 12-151　　　　　　　图 12-152

（10）在加选两个图层的状态下，使用"自由变换"快捷键 Ctrl+T 将其进行放大，使其能覆盖住下方的花朵，如图 12-153 所示。变换完成后按 Enter 键确定变换操作。继续置入百合花素材 6.png，并将气泡复制一份移动至花朵的上方，效果如图 12-154 所示。

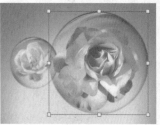
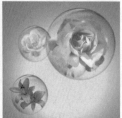

图 12-153　　　　　　　图 12-154

（11）置入绿植素材 7.png，如图 12-155 所示。选中该图层，执行"图层"→"图层样式"→"投影"命令，在打开的"图层样式"对话框中设置"投影"的"混合模式"为"正常"，颜色为灰色，"不透明度"为 25%，"角度"为 133 度，"距离"为 15 像素，"扩展"为 46%，参数设置如图 12-156 所示。设置完成后单击"确定"按钮，效果如图 12-157 所示。

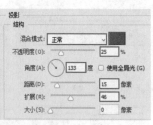

图 12-155　　　　　　　图 12-156

图 12-157

（12）将产品素材 8.png 置入文档，适当地进行旋转，如图 12-158 所示。接下来制作产品的阴影，在产品图层下一层新建图层，按住 Ctrl 键单击产品图层的缩览图载入选区，接着执行"选择"→"变换选区"命令，按住快捷键 Ctrl+Shift 拖动控制点对选区进行变形，如图 12-159 所示。选区变换完后按 Enter 键提交变换操作。

图 12-158　　　　　　　图 12-159

（13）将前景色设置为紫灰色，选择工具箱中的"画笔工具"，设置合适的笔尖大小，选择"柔边圆"画笔，适当降低"不透明度"，如 60%。设置完成后在选区内进行涂抹，涂抹时，在离产品近的位置反复涂抹，效果如图 12-160 所示。涂抹完成后使用快捷键 Ctrl+D 取消选区的选择。接着设置该图层的"混合模式"为"正片叠底"，"不透明度"为 88%，效果如图 12-161 所示。

图 12-160　　　　　　　图 12-161

（14）选择阴影图层，执行"滤镜"→"模糊"→"高斯模糊"命令，在弹出的"高斯模糊"对话框中设置"半径"为 8.8 像素，参数设置如图 12-162 所示。设置完成后单击"确定"按钮，阴影效果如图 12-163 所示。

（15）加选产品图层和阴影图层，使用快捷键 Ctrl+J 将其复制一份，适当旋转调整位置，效果如图 12-164 所示。

中文版 Photoshop 电商美工设计从入门到实战（全程视频版）（下册）

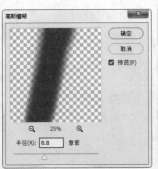

图 12-162

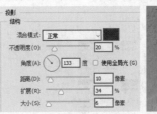

图 12-163

影"命令,在弹出的"图层样式"对话框中设置"投影"的"混合模式"为"正常",颜色为紫灰色,"不透明度"为20%,"角度"为133度,"距离"为10像素,"扩展"为34%,"大小"为6像素,参数设置如图 12-167 所示。设置完成后单击"确定"按钮,效果如图 12-168 所示。

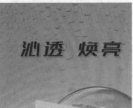

图 12-167

图 12-168

(18) 继续使用"横排文字工具"依次添加文字,效果如图 12-169 所示。

图 12-164

(16) 选择工具箱中的"横排文字工具",在上方输入文字,如图 12-165 所示。选中文字图层,执行"窗口"→"字符"命令,单击"仿斜体"按钮,效果如图 12-166 所示。

图 12-165

图 12-166

(17)选中文字图层,执行"图层"→"图层样式"→"投

图 12-169

12.3.3 产品信息

(1) 选择工具箱中的"矩形工具",在选项栏中设置绘制模式为"形状","填充"为淡粉色,设置完成后在海报下方绘制矩形,如图 12-170 所示。选中该矩形图层,右击执行"转换为智能对象"命令。

扫一扫,看视频

图 12-170

（2）执行"滤镜"→"滤镜库"命令，在弹出的"滤镜库"对话框中打开"素描"滤镜组，单击选择"便条纸"滤镜，设置"图像平衡"为25，"粒度"为10，"凸现"为11，参数设置如图12-171所示。设置完成后单击"确定"按钮，效果如图12-172所示。

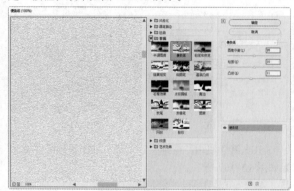

图 12-171

图 12-172

（3）在"图层"面板中双击智能滤镜右侧的 ≡ 按钮，在弹出的"混合选项（滤镜库）"对话框中设置"模式"为"正片叠底"，"不透明度"为35%，设置完成后单击"确定"按钮，如图12-173所示。此时画面效果如图12-174所示。

图 12-173   图 12-174

（4）置入素材9.png，如图12-175所示。新建一个

"自然饱和度"调整图层，设置"自然饱和度"为-76，单击 ↲ 按钮，如图12-176所示。此时画面效果如图12-177所示。

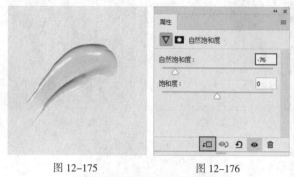

图 12-175   图 12-176

图 12-177

（5）置入产品素材8.png，移动到乳液上方，如图12-178所示。接下来制作产品的倒影。选中乳液素材图层，使用快捷键Ctrl+J复制一份，使用"自由变换"快捷键Ctrl+T，右击执行"垂直翻转"命令，将产品向下移动。完成后按Enter键，如图12-179所示。

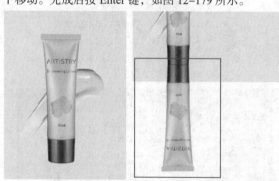

图 12-178   图 12-179

（6）选中刚刚复制的图层，单击"图层"面板底部的"添加图层蒙版"按钮，如图12-180所示。选择工具箱中的"渐变工具"，打开"渐变编辑器"对话框，编辑一个由黑色到白色的渐变，并设置渐变类型为"线性渐变"，如图12-181所示。在蒙版内按住鼠标左键拖

动进行填充。

图 12-180　　　　　　　图 12-181

（7）此时画面效果以及图层蒙版中的黑白关系如图 12-182 所示。

图 12-182

（8）使用"横排文字工具"在当前模块的顶部输入文字，如图 12-183 所示。选择工具箱中的"钢笔工具"，在选项栏中设置绘制模式为"形状"，"填充"为无，"描边"为紫红色，描边粗细为 4 像素，设置完成后在文字的中间位置绘制一条直线，如图 12-184 所示。

图 12-183

图 12-184

（9）选中直线图层，使用快捷键 Ctrl+J 将图层复制一份，按住 Shift 键向下移动，如图 12-185 所示。

图 12-185

（10）继续使用"横排文字工具"在产品的右侧单击插入光标，输入文字。文字输入过程中需要更改字体，如图 12-186 所示。输入第一行文字后按 Enter 键进行换行，继续输入文字，如图 12-187 所示。

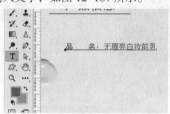

图 12-186

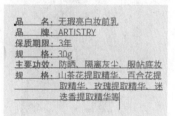

图 12-187

（11）文字输入完成后按快捷键 Ctrl+Enter 提交操作。接着打开"字符"面板，设置"行距"为 36 点，单击"仿粗体"按钮，如图 12-188 所示。此时文字效果如图 12-189 所示。

图 12-188　　　　　　　图 12-189

（12）将人物素材 10.jpg 置入文档，如图 12-190 所示。新建一个"色相 / 饱和度"调整图层，设置颜色为"青色"，"色相"为 +154，"饱和度"为 -3，"明度"为 +63，单击▣按钮创建剪贴蒙版，如图 12-191 所示。此时画面效果如图 12-192 所示。

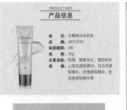

图 12-190   图 12-191

图 12-192

（13）新建一个"亮度 / 对比度"调整图层，设置"亮度"为 28，"对比度"为 6，单击▣按钮创建剪贴蒙版，如图 12-193 所示。此时画面效果如图 12-194 所示。

图 12-193   图 12-194

（14）选择工具箱中的"直排文字工具"，在人像的右侧单击插入光标，在选项栏中设置合适的字体、字号，将文字颜色设置为淡粉色，输入文字，如图 12-195 所示。文字输入完成后按快捷键 Ctrl+Enter 提交操作。继续使用"横排文字工具"输入灰色文字，效果如图 12-196 所示。

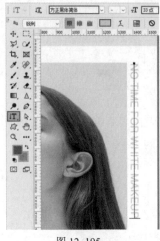

图 12-195   图 12-196

（15）使用"横排文字工具"在人像下方依次添加文字，如图 12-197 所示。选择工具箱中的"钢笔工具"，在选项栏中设置绘制模式为"形状"，"填充"为无，"描边"为紫红色，描边粗细为 4 像素，设置完成后在文字左右两侧绘制直线，如图 12-198 所示。

植物精华成分
"养+护"新理念，"隔"出好肌肤

图 12-197

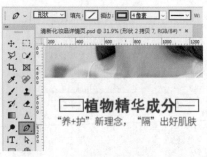

图 12-198

中文版 Photoshop 电商美工设计从入门到实战（全程视频版）（下册）

12.3.4 成分与功效

（1）置入背景素材 11.jpg，并将其栅格化。选择工具箱中的"矩形选框工具"，绘制一个矩形选区，如图 12-199 所示。接着单击"图层"面板底部的"添加图层蒙版"按钮，以当前选区添加图层蒙版。单击选择图层蒙版，将前景色设置为黑色，选择"画笔工具"，选择"柔边圆"画笔，设置合适的笔尖大小，在背景素材下方位置涂抹，隐藏背景生硬的边缘，效果如图 12-200 所示。

扫一扫，看视频

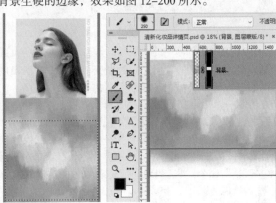

图 12-199　　　　　图 12-200

（2）新建一个"曲线"调整图层，在曲线的高光和阴影位置分别添加控制点并向上拖动，单击 按钮创建剪贴蒙版，如图 12-201 所示。此时背景颜色效果如图 12-202 所示。

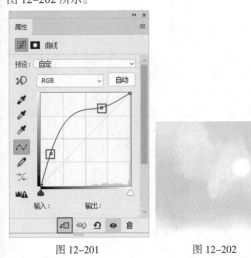

图 12-201　　　　　图 12-202

（3）选择工具箱中的"钢笔工具"，设置绘制模式为"形状"，"填充"为深灰色，绘制六边形，如

图 12-203 所示。选中该图层，按住快捷键 Alt+Shift 向右拖动进行平移并复制，如图 12-204 所示。

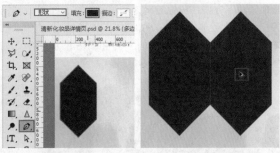

图 12-203　　　　　图 12-204

（4）继续将六边形复制两份，如图 12-205 所示。选择工具箱中的"移动工具"，勾选选项栏中的"自动选择"复选框，在左侧六边形上方单击，将该图层选中，如图 12-206 所示。

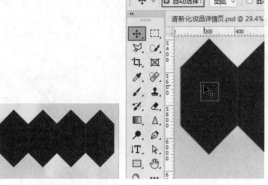

图 12-205　　　　　图 12-206

（5）将山茶花素材 12.jpg 置入文档，山茶花素材需要在左侧六边形图层的上一层。选中山茶花素材图层，右击执行"创建剪贴蒙版"命令，效果如图 12-207 所示。依次置入其他植物素材并创建剪贴蒙版，效果如图 12-208 所示。

图 12-207　　　　　图 12-208

（6）选择工具箱中的"自定形状工具"，在选项栏

中设置绘制模式为"形状","填充"为紫红色,"描边"为"无",在"形状"下拉面板中选择合适的形状,在花朵素材下方按住鼠标左键拖动绘制形状(也可以使用"钢笔工具"绘制该形状),如图 12-209 所示。使用"横排文字工具"依次在图形的上方和下方添加文字,如图 12-210 所示。

图 12-209　　　　　　　　图 12-210

(7)加选图形和两个文字图层,按住快捷键 Alt+Shift 向右拖动进行平移并复制,如图 12-211 所示。接着将复制的文字内容进行更改,这样就可以只更改文字内容,不更改文字属性,如图 12-212 所示。

图 12-211　　　　　　　　图 12-212

(8)使用相同的方法复制图形和文字,将文字内容进行更改,效果如图 12-213 所示。

图 12-213

(9)在"图层"面板中加选"植物精华成分"部分的两个文字图层和两个形状图层,使用快捷键 Ctrl+J 将图层复制一份,向下移动,接着将文字内容进行更改,

如图 12-214 所示。

图 12-214

(10)选择工具箱中的"矩形工具",在选项栏中设置绘制模式为"形状","填充"为渐变,编辑一个淡粉色系的渐变,渐变类型为"线性","角度"为 138 度,在下方绘制一个矩形,如图 12-215 所示。将上方页面中的乳液素材图层和"自然饱和度"调整图层加选后复制一份,移动到粉色渐变色系矩形的上方,使用"自由变换"快捷键 Ctrl+T,在定界框中右击,在弹出的快捷菜单中执行"水平翻转"命令,并适当地进行旋转,如图 12-216 所示。

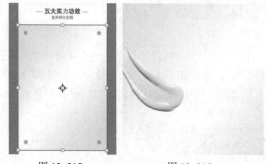

图 12-215　　　　　　　　图 12-216

(11)再次置入产品素材 8.png,并适当地进行旋转,如图 12-217 所示。

图 12-217

(12)制作产品的阴影。在产品图层的下一层新建图

层，按住 Ctrl 键单击产品图层载入选区，接着执行"选择"→"变换选区"命令调出定界框，按住 Ctrl 键拖动控制点将选区进行变换，如图 12-218 所示。变换完成后按 Enter 键确定变换操作。将前景色设置为紫灰色，选择"画笔工具"，设置合适的笔尖大小，设置"不透明度"为 30%，在选区内进行涂抹，效果如图 12-219 所示。

图 12-218　　　　　　图 12-219

（13）为阴影图层添加图层蒙版，编辑一个由黑色到白色的渐变。在图层蒙版中填充，隐藏阴影外侧部分，制作阴影渐隐效果，如图 12-220 所示。接着设置阴影图层的"不透明度"为 53%，效果如图 12-221 所示。

图 12-220　　　　　　图 12-221

（14）在阴影图层上一层新建图层，设置前景色为灰色，选择工具箱中的"画笔工具"，设置合适的笔尖大小，在产品底部位置进行涂抹，加深此处阴影，效果如图 12-222 所示。

图 12-222

（15）继续使用"横排文字工具"，在该版面左上方添加文字，如图 12-223 所示。选择工具箱中的"钢笔工具"，设置绘制模式为"形状"，"填充"无，"描边"为紫红色，描边粗细为 4 像素，绘制一条直线，如图 12-224 所示。

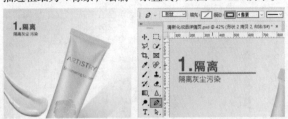

图 12-223　　　　　　图 12-224

（16）加选两个文字图层和直线图层，使用快捷键 Ctrl+J 将其复制一份，向下垂直移动，接着更改文字内容，如图 12-225 所示。继续复制文字，移动位置、更改文字内容，效果如图 12-226 所示。

图 12-225　　　　　　图 12-226

12.3.5　产品使用方法

（1）将之前制作好的标题文字复制一份，向下移动，更改文字内容，如图 12-227 所示。

图 12-227

（2）选择工具箱中的"矩形工具"，在选项栏中设置绘制模式为"形状"，"填充"为淡粉色，绘制一个矩形，如图 12-228 所示。继续使用"矩形工具"绘制一个稍小的矩形，设置"填充"为白色，如图 12-229 所示。

图 12-228 　　　　　　 图 12-229

（3）置入素材 16.png、17.png，如图 12-230 所示。选择工具箱中的"钢笔工具"，在选项栏中设置绘制模式为"形状"，"填充"为白色，绘制一个三角形，如图 12-231 所示。

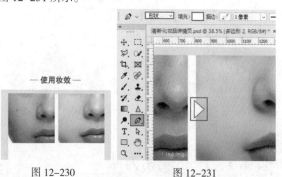

图 12-230 　　　　　　 图 12-231

（4）选择工具箱中的"矩形工具"，在人像左下角位置绘制一个矩形，设置"填充"为粉色，如图 12-232 所示。接着使用"横排文字工具"在粉色矩形上方添加文字，如图 12-233 所示。

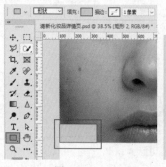
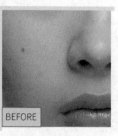

图 12-232 　　　　　　 图 12-233

（5）加选粉色矩形和上方的文字，使用快捷键 Ctrl+J 将图层复制一份，将复制的图层向右移动至另外一个人像的左下角。接着将文字内容进行更改，效果如图 12-234 所示。

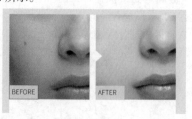

图 12-234

（6）将手臂素材 18.jpg、19.jpg 置入文档。接着将上面绘制的图形和文字复制一份移动到手臂图片的相应位置，效果如图 12-235 所示。使用"横排文字工具"，在手臂图片下方空白位置添加文字，效果如图 12-236 所示。

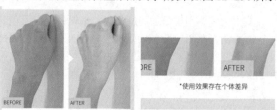

图 12-233 　　　　　　 图 12-234

（7）将上方版面中的标题文字复制一份，移动到下方版面中，更改文字内容，如图 12-237 所示。

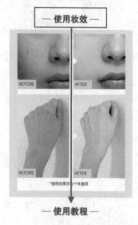

图 12-237

（8）选择工具箱中的"矩形工具"，在选项栏中设置绘制模式为"形状"，设置"填充"为一个白色到粉色的渐变，在版面底部绘制一个矩形，如图 12-238 所示。在粉色矩形上方绘制一个稍小的矩形，设置"填充"为白色，如图 12-239 所示。

中文版 Photoshop 电商美工设计从入门到实战（全程视频版）（下册）

— 使用教程 —

图 12-238　　　　　　　图 12-239

（9）制作白色矩形下方的阴影。在白色矩形下一层新建图层，选择工具箱中的"多边形套索工具"，在白色矩形的右下方绘制一个三角形选区，接着将选区填充为紫灰色，如图 12-240 所示。使用快捷键 Ctrl+D 取消选区的选择。选择三角形图层，执行"滤镜"→"模糊"→"高斯模糊"命令，设置"半径"为 9 像素，参数设置如图 12-241 所示。设置完成后单击"确定"按钮，效果如图 12-242 所示。

（10）选中三角形图层，使用快捷键 Ctrl+J 将选中图层复制一份，使用"自由变换"快捷键 Ctrl+T，右击执行"水平翻转"命令，接着向左移动。按 Enter 键确定变换操作，如图 12-243 所示。

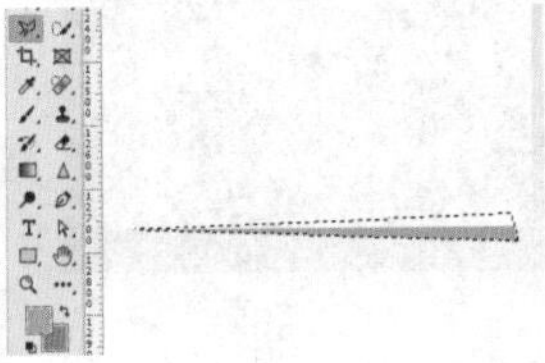

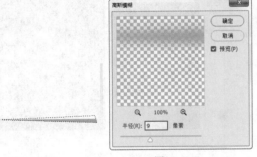

图 12-240　　　　　　　图 12-241

图 12-242　　　　　　　图 12-243

（11）将产品信息部分中的产品和乳液图层复制一份，移动到下方白色矩形上方，如图 12-244 所示。将插画素材 20.jpg 和 21.jpg 置入文档，摆放到白色矩形上方，如图 12-245 所示。

图 12-244　　　　　　　图 12-245

（12）继续使用"横排文字工具"依次添加文字，效果如图 12-246 所示。本案例制作完成。

图 12-246

12.4　项目实例：暗调运动鞋详情页

文件路径	资源包\第 12 章\项目实例：暗调运动鞋详情页
难易指数	★★★★★
技术掌握	横排文字工具、混合模式、"黑白"命令、"智能锐化"滤镜

案例效果

案例效果如图 12-247 所示。

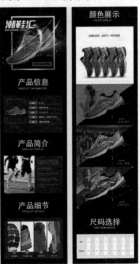

图 12-247

12.4.1　创意解析

这是一款运动鞋的产品详情页，整个详情页以黑色为背景颜色，给人一种冷酷、帅气的感觉，尤其是首图，金色的线条与黑色形成鲜明的对比，为画面增添了炫酷的视觉感受。

整个详情页的大部分模块采用了倾斜的版式，极具动感，与产品的调性相符。在内容的安排上包括产品的基本信息、细节展示、颜色展示和尺码信息等，模块简明清晰，方便消费者浏览与理解。

12.4.2　产品基本信息

（1）新建一个宽度为 750 像素，高度为 5574 像素的空白文档，将前景色设置为黑色，使用快捷键 Alt+Delete 进行填充。接着将制作好的首图素材置入文档，移动到画面的顶部位置，如图 12-248 所示。

扫一扫，看视频

图 12-248

（2）选择工具箱中的"横排文字工具"，在首图下方位置单击插入光标，在选项栏中设置合适的字体、字号，将文字颜色设置为白色，输入文字。继续使用"横排文字工具"在下方输入文字，标题文字部分制作完成，如图 12-249 和图 12-250 所示。

图 12-249　　　图 12-250

（3）选择工具箱中的"矩形工具"，在选项栏中设置绘制模式为"形状"，"填充"为深灰色，在标题文字下

方绘制一个矩形，如图 12-251 所示。使用"矩形工具"在灰色矩形左侧位置绘制一个矩形，在选项栏中设置"填充"为无，"描边"为紫色，描边大小为 3 像素，如图 12-252 所示。

图 12-251　　　图 12-252

（4）选中紫色矩形图层，单击"图层"面板底部的"添加图层蒙版"按钮，为该图层添加图层蒙版。将前景色设置为黑色，选择工具箱中的"矩形选框工具"，在矩形上方绘制矩形选区，选择图层蒙版，使用快捷键 Alt+Delete 进行填充，隐藏选区中的像素，如图 12-253 所示。使用快捷键 Ctrl+D 取消选区的选择，将运动鞋素材 2.png 置入文档，移动到矩形框中间的位置，如图 12-254 所示。

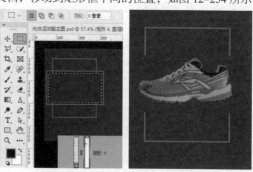

图 12-253　　　图 12-254

（5）在运动鞋素材图层下方新建图层，将前景色设置为深灰色，选择工具箱中的"画笔工具"，设置合适的笔尖大小，在鞋底位置按住鼠标左键拖动绘制阴影，绘制完成后设置该图层的"不透明度"为 60%，如图 12-255 所示。

图 12-255

中文版 Photoshop 电商美工设计从入门到实战（全程视频版）（下册）

（6）选择工具箱中的"矩形工具"，在选项栏中设置绘制模式为"形状"，"填充"为紫色，在运动鞋的右侧绘制一个矩形，如图 12-256 所示。使用"横排文字工具"在矩形的上方和右侧添加文字，如图 12-257 所示。

图 12-256

图 12-257

（7）选择工具箱中的"钢笔工具"，在选项栏中设置绘制模式为"形状"，"描边"为紫色，描边粗细为 2 像素，设置完成后在文字下方绘制一条直线，如图 12-258 所示。加选此处两个形状图层和两个文字图层，使用快捷键 Ctrl+J 将图层复制一份，向下移动，如图 12-259 所示。

图 12-258

图 12-259

（8）使用"横排文字工具"选中文字，将文字内容进行更改，如图 12-260 所示。使用相同的方法制作出另外三组文字信息，效果如图 12-261 所示。

图 12-260　　　　　　　　图 12-261

（9）选中工具箱中的"移动工具"，勾选"自动选择"复选框，按住 Shift 键单击加选两个标题文字图层和灰色矩形图层，如图 12-262 所示。使用快捷键 Ctrl+J 将选中的图层复制一份，将图层向下方版面移动，如图 12-263 所示。

（10）使用"横排文字工具"选中文字，进行更改，如图 12-264 所示。

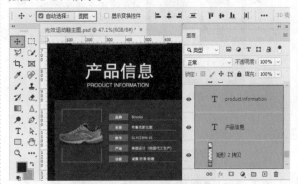

图 12-262

图 12-263　　　　　　　　图 12-264

（11）置入人物素材 3.jpg，移动至矩形的左侧位置，如图 12-265 所示。选中人像图层，使用快捷键 Ctrl+J 将图层复制一份，设置该图层的"混合模式"为"柔光"，将图层向右移动，制作出叠影的效果，如图 12-266 所示。

图 12-265   图 12-266

（12）加选两个人像图层，使用快捷键 Ctrl+G 进行编组。选择工具箱中的"矩形选框工具"，在人像上方绘制矩形选区，如图 12-267 所示。选中图层组，单击"图层"面板底部的"添加图层蒙版"按钮，基于当前选区为该图层添加图层蒙版，多余部分将被图层蒙版隐藏，如图 12-268 所示。

图 12-267   图 12-268

（13）继续使用"横排文字工具"在人像右侧依次添加文字，效果如图 12-269 所示。

图 12-269

（14）选择工具箱中的"矩形工具"，在选项栏中设置绘制模式为"形状"，"描边"为紫色，描边粗细为 3 像素，绘制矩形，如图 12-270 所示。为矩形框添加图层蒙版，

选中蒙版，将前景色设置为黑色，在蒙版中涂抹，隐藏除左上角与右上角以外的区域，效果如图 12-271 所示。

图 12-270

图 12-271

12.4.3　产品细节展示

扫一扫，看视频

（1）将上方版面中的标题文字和灰色矩形复制一份，向下移动，更改文字内容，如图 12-272 所示。使用"矩形工具"在深灰色矩形上方绘制一个白色的矩形，如图 12-273 所示。

图 12-272   图 12-273

（2）将白色矩形复制三份并向右移动。接着加选 4

个矩形图层，单击选项栏中的"顶对齐"与"水平分布"按钮，如图 12-274 所示。将鞋底素材 4.jpg 置入文档，放在第一个矩形图层的上一层，右击执行"创建剪贴蒙版"命令，以左侧第一个矩形图层为基底图层，创建剪贴蒙版，效果如图 12-275 所示。

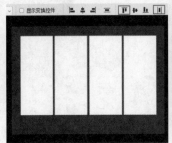

图 12-274 图 12-275

（3）选择鞋底素材图层，执行"滤镜"→"锐化"→"智能锐化"命令，设置"数量"为 190%，"半径"为 0.8 像素，"减少杂色"为 20%，"移去"为"高斯模糊"参数设置如图 12-276 所示。设置完成后单击"确定"按钮，效果如图 12-277 所示。

图 12-276

图 12-277

（4）使用相同的方法制作另外几个细节展示效果，如图 12-278 所示。

图 12-278

（5）选择工具箱中的"椭圆工具"，在选项栏中设置绘制模式为"形状"，"填充"为紫色，"描边"为"无"，在图形的底部位置绘制一个正圆形，如图 12-279 所示。接着使用"横排文字工具"在正圆形的中间位置和下方添加文字，如图 12-280 所示。

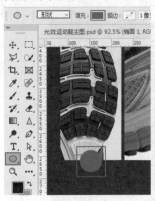

图 12-279 图 12-280

（6）加选正圆形和两个文字图层，使用快捷键 Ctrl+J 将其复制一份向右移动，接着将文字内容进行更改。使用相同的方法，制作另外两组文字，效果如图 12-281 与图 12-282 所示。

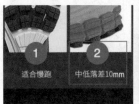

图 12-281 图 12-282

12.4.4 产品颜色展示

（1）将上方版面中的标题文字复制一份，向下移动，更改文字内容，如图 12-283 所示。使用"矩形工具"绘制一个白色的矩形作为背景，如图 12-284 所示。

图 12-283　　　　　图 12-284

（2）使用"横排文字工具"在白色矩形的顶部位置添加文字，如图 12-285 所示。

图 12-285

（3）在素材文件中加选 5 个鞋子素材，以拖动的方式置入文档，每置入一个鞋子素材，需要按一次 Enter 键，如图 12-286 所示。置入完成后在"图层"面板中加选 5 个鞋子图层，使用"自由变换"快捷键 Ctrl+T，在选项栏中设置"角度"为 -90 度，并进行缩放，这样操作能够保证鞋子旋转角度和缩放大小是统一的，如图 12-287 所示。变换完成后按 Enter 键。

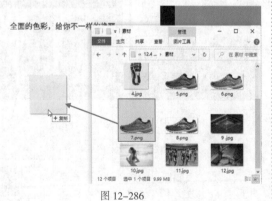

图 12-286

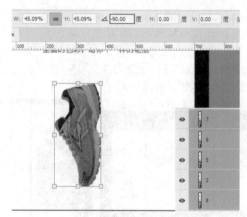

图 12-287

（4）适当移动鞋子的位置，加选 5 个鞋子图层，单击选项栏中的"顶对齐"与"水平分布"按钮，如图 12-288 所示。

图 12-288

（5）制作鞋子底部的阴影。在鞋子图层的最下一层新建图层。将前景色设置为黑色，选择工具箱中的"画笔工具"，打开"画笔预设选取器"，选择"柔边圆"画笔，将笔尖形状调整为椭圆形，将笔尖大小设置为 80 像素，在鞋尖的位置以单击的方式依次绘制，如图 12-289 所示。接着将笔尖调大，设置"大小"为 175 像素，"不透明度"为 50%，继续在鞋尖的位置涂抹，增加阴影的层次，效果如图 12-290 所示。

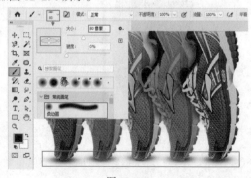

图 12-289

中文版 Photoshop 电商美工设计从入门到实战（全程视频版）（下册）

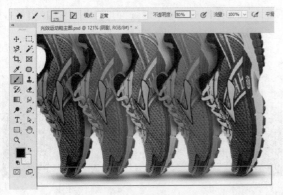

图 12-290

（6）在不同颜色的鞋子之间新建图层，将前景色设置为黑色，选择"画笔工具"，在鞋子重叠的位置绘制阴影，效果如图 12-291 所示。继续使用相同的方法绘制其他位置的阴影，效果如图 12-292 所示。

图 12-291

图 12-292

（7）使用"横排文字工具"在鞋子的下方添加文字，选中文字图层，打开"字符"面板，设置"字间距"为920，如图 12-293 所示。

图 12-293

（8）使用"矩形工具"在下方版面绘制一个黑色的矩形，如图 12-294 所示。置入背景素材 9.png，在"图层"面板中选中背景素材图层，右击执行"创建剪蒙版"命令，设置图层的混合模式为"强光"，"不透明度"为80%，如图 12-295 所示。

图 12-294

图 12-295

（9）选择工具箱中的"钢笔工具"，在选项栏中设置绘制模式为"形状"，"填充"为紫色，绘制一个三角形，如图 12-296 所示。置入人像素材 10.jpg，选中人像图层，右击执行"创建剪贴蒙版"命令，以三角形图层为基底图层创建剪贴蒙版。接着设置人像图层的混合模式为"正片叠底"，"不透明度"为80%，如图 12-297 所示。

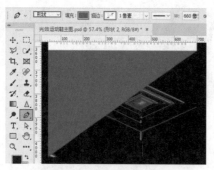

图 12-296

图 12-297

（10）为人像图层添加图层蒙版，选择图层蒙版，将前景色设置为黑色，使用"画笔工具"在人像周围涂抹，隐藏图像生硬的边缘，效果如图 12-298 所示。

图 12-298

（11）选中人像图层，执行"图层"→"新建调整图层"→"黑白"命令，使用默认值即可。单击"属性"面板底部的 按钮创建剪贴蒙版，并设置"不透明度"为 60%，如图 12-299 所示。置入鞋子素材 2.png，并适当地进行旋转，效果如图 12-300 所示。

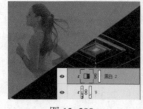

图 12-299

图 12-300

（12）使用"横排文字工具"在鞋子的右下方添加文字，如图 12-301 所示。选择工具箱中的"钢笔工具"，在选

项栏中设置绘制模式为"形状"，"填充"为粉色，在文字左侧绘制三角形，如图 12-302 所示。

图 12-301

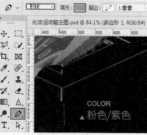

图 12-302

（13）使用相同的方法制作另外两种颜色的展示效果，效果如图 12-303 和图 12-304 所示。

图 12-303

图 12-304

12.4.5　产品尺码信息

（1）将上方版面中的标题文字和灰色矩形复制一份，向下移动，更改文字内容，如图 12-305 所示。使用"矩形工具"绘制一个白色的矩形，如图 12-306 所示。

图 12-305

图 12-306

（2）选中白色矩形图层，执行"图层"→"图层样式"→"图案叠加"命令，在弹出的"图层样式"对话框中设置"图案叠加"的"混合模式"为"正常"，"不透明度"为 50%，设置合适的图案，参数设置如图 12-307 所示。设置完成后单击"确定"按钮，效果如图 12-308 所示。（如果没有该图案，也可以使用其他图案。）

中文版 Photoshop 电商美工设计从入门到实战（全程视频版）（下册）

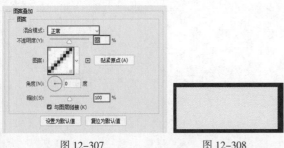

图 12-307　　　　　　　图 12-308

（3）使用"矩形工具"绘制一个浅灰色的矩形，设置"描边"为灰色，描边粗细为 1 像素，如图 12-309 所示。继续绘制一个白色矩形，设置"填充"为白色，"描边"为灰色，描边粗细为 1 像素，如图 12-310 所示。

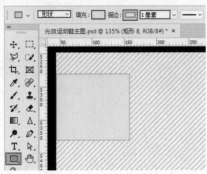

图 12-309

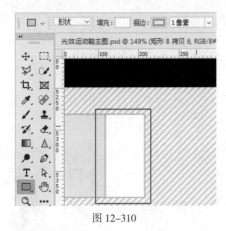

图 12-310

（4）选中白色矩形图层，按住快捷键 Alt+Shift 向右拖动进行平移并复制，如图 12-311 所示。接着在选项栏中将"填充"更改为浅灰色，如图 12-312 所示。

图 12-311　　　　　　　图 12-312

（5）加选白色和浅灰色矩形图层，按住快捷键 Alt+Shift 向右拖动进行平移并复制，如图 12-313 所示。继续进行平移并复制的操作，制作表格的第一行，如图 12-314 所示。

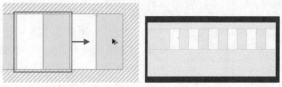

图 12-313　　　　　　　图 12-314

（6）加选矩形图层，按住快捷键 Alt+Shift 向下拖动进行平移并复制，如图 12-315 所示。使用"横排文字工具"在表格上方添加文字，效果如图 12-316 所示。至此，本案例制作完成。

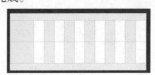

图 12-315

图 12-316

Chapter
13
第13章

扫一扫，看视频

店铺首页设计

本章内容简介：

　　店铺首页可以说是电商店铺重要的"门面"，消费者会通过详情页进入首页，这就代表消费者想进一步了解店铺和店铺所售卖的产品。通过浏览首页可以让消费者对店铺有一个清晰的判断，从而进一步确认店铺是否满足他们的需求。在店铺首页中，并不需要将所有产品展示出来，只需要有条理地将具有代表性的热门产品展示即可，还可以添加优惠券、海报等促销信息，用于激发消费者的购买热情。

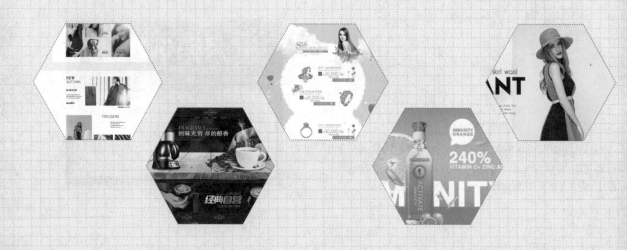

13.1 店铺首页的构成

店铺首页是网店的门面，其不仅能够让消费者了解到店铺的环境、产品的定位等内容，还能让其对店铺产生浓厚的兴趣。

13.1.1 店铺首页的作用

1. 塑造店铺形象

店铺首页应该能够展现店铺产品的调性、理念与定位。通过浏览店铺首页可以让消费者快速感受到店铺的魅力，增加消费者对产品的印象，形成潜在利润。

2. 展示主推产品

每一家店铺都有自己主推的产品，在首页中着重体现主推产品能够更加容易地促成点击与跳转。但并不是所有产品都可以作为主推产品被展示，过多的主推产品会导致首页失去重点，让消费者感到迷茫。

> **提示：如何选定主推产品？**
>
> - 新品：通常以快速消费品较为显著，产品更新快，跟随季节变化大。
> - 爆品：店铺销售火爆的产品，销量较好的产品。
> - 公司主打产品：既然是公司主打产品，就无须思考，直接主推。
> - 产品数据较好的产品：主要看生意经营的后台数据，通过观察产品的点击率和成交率数据进行选择。

3. 展示店铺促销活动

通常，电商平台的活动有很多，活动本身的作用就是为了促销，那么在店铺首页展示店铺促销活动不仅能够增大活动的曝光度、吸引消费者的注意力，还能够起到促进销售的作用。

4. 分类导航设计

消费者从详情页跳转到首页就是为了查看更多的产品信息，这就要求首页要有方便消费者使用的分类导航设计。条理清晰的分类导航能够引导消费者更好、更便捷地浏览其他产品，能够给消费者带来良好的体验感，进而增强其对店铺的好感度。

13.1.2 店铺首页的构成

店铺首页通常包括以下几个部分：店铺页头、活动促销、产品展示、店铺页尾。

1. 店铺页头

店铺页头包括店招和导航。在设计店招时，不仅需要体现店铺的名称、店铺广告标语、店铺标志等主要信息，还要考虑是否着重表现热卖商品、收藏店铺、优惠券等信息。

在设计导航时，需要考虑到与店招之间的连贯性，尤其是在颜色上，要既能与整个页面颜色协调，又能够突出显示。不仅如此，在设计导航时，还需要考虑导航总共需要分为几个导航分类，"所有宝贝""首页""店铺动态"是必不可少的几个选项。同时，卖家还需要根据自己店铺的实际情况添加合适的导航按钮。例如，店铺上新的新款服饰，那么就可以在导航中添加一个"店铺新品"的按钮进行链接；如果店铺想要展示自己雄厚的实力，那么就可以设置一个"品牌故事"的按钮进行链接。图 13-1 和图 13-2 所示为店铺页头设计。

图 13-1

图 13-2

2. 活动促销

首页的第一屏通常会展示店铺的活动广告、折扣信息、轮播广告等内容。这些内容主要用于推广产品，吸引消费者注意，如图 13-3 和图 13-4 所示。

图 13-3

图 13-4

3. 产品展示

产品展示区域大概可以分为两类：产品分类和主推产品。产品分类是将产品进行分类展示。例如，一家女装店，可以将裙装集中在一起展示，裤装集中在一起展示，这样将产品分为几大类别，更加方便消费者进行选择。主推产品是整个店铺的主要卖点，选择多个主推产品，然后对其进行定位分析，并以广告的形式体现产品的核心卖点、价格和折扣信息等内容，如图 13-5 和图 13-6 所示。

图 13-5

图 13-6

4. 店铺页尾

店铺页尾模块在设计上一定要符合店铺整体的设计风格与主题，还要具有人性化特点，如可以放一个回到顶部的按钮。店铺页尾可以添加客服中心、购物保障、发货须知等内容，帮助解决消费者所担心的售后问题，如图 13-7 和图 13-8 所示。

图 13-7

图 13-8

13.1.3　常见的店铺首页布局

店铺首页在整个网店中有着非常重要的意义。通常，消费者是带着某种目的来浏览店铺首页的，如了解店铺中的其他产品、查看店铺的活动、领取优惠券等。一个枯燥无味的页面会影响信息的传递，所以让信息通过合理的版式布局进行传递，对店铺来说是非常重要的工作之一。

店铺首页通常会采用长网页的布局方式，只限制版面的宽度而不限制版面的高度。这种长网页能够容纳更多的信息。但是如果过长，也会产生一些不好的影响，如使用户在浏览过程中失去耐心与兴趣等。通常常见的布局形式有全部为产品广告、全部为产品展示、产品广告与产品展示相互穿插三种。

1. 全部为产品广告

整个首页版面都以展示产品广告、活动信息为主，由多个广告组成，版面效果丰富。由于每个广告都会形成一个视觉重点，那么在设计这类首页时就需要体现产品特点，保证版面的整体性、广告风格的统一性，如图 13-9 和图 13-10 所示。

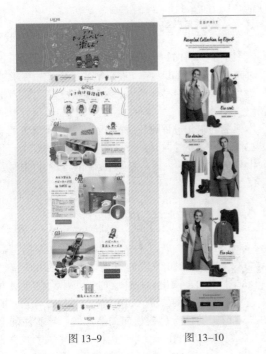

图 13-9　　　　　　　　　图 13-10

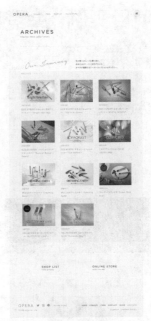

图 13-12

2. 全部为产品展示

全部为产品展示是指除首屏轮播广告外，其他均为产品展示，比较适合产品较多的网店。在设计这类首页时要注意排版的统一性，分类要清晰，如图 13-11 和图 13-12 所示。

3. 产品广告与产品展示相互穿插

产品广告与产品展示相互穿插是最常用的布局形式，通常会将爆款制作成广告，然后在其下方排列同类产品，这种布局形式主次分明，既能突出重点，又能带动其他产品的销售，如图 13-13 和图 13-14 所示。

图 13-11

图 13-13　　　　　　　　图 13-14

13.2 项目实例：摩登感女装店铺首页

文件路径	资源包＼第13章＼项目实例：摩登感女装店铺首页
难易指数	★★★★★
技术掌握	剪贴蒙版、横排文字工具、矩形工具、图层样式

案例效果

案例效果如图13-15所示。

图 13-15

13.2.1 创意解析

本案例中的店铺销售的服装主要面对追求优雅、简约、时尚、自信的都市白领女性。整个首页以白色为主，搭配黑色和浅灰色，整体给人一种简约、利落、摩登的视觉感受。

本案例的制作过程比较简单，没有使用到繁复的装饰，在简约、美观的同时又凸显出店铺的品牌理念。且版面十分注重细节的表现，如字体的选择、图片的排版、文字的编排等。

13.2.2 店招与导航

扫一扫，看视频

（1）新建一个宽度为1920像素，高度为7220像素的空白文档。使用快捷键Ctrl+R调出标尺，此时标尺原点位于页面左上角的位置。店招的高度为150像素，所以在150像素的位置创建横向的参考线。导航栏的高度为30像素，所以在120像素的位置创建参考线，如图13-16所示。首页的宽度为950像素，所以在485像素和1435像素的位置创建纵向参考线。为了方便元素的居中对齐，在960像素的位置创建纵向参考线，如图13-17所示。

图 13-16

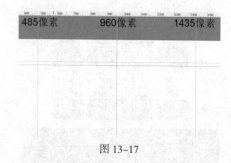

图 13-17

（2）使用"横排文字工具"在店招左上角的位置输入文字，选中文字图层，执行"窗口"→"字符"命令，设置"字间距"为 -80，单击"仿粗体"按钮，如图 13-18 所示。使用"横排文字工具"选中首字母，将字号调大，单击"全部大写字母"按钮，如图 13-19 所示。按快捷键 Ctrl+Enter 提交操作。

图 13-18

图 13-19

（3）继续使用"横排文字工具"在英文上方添加文字，如图 13-20 所示。

图 13-20

（4）选择工具箱中的"矩形工具"，在选项栏中设置绘制模式为"形状"，"填充"为深红色，"半径"为 10 像素，设置完成后在文字右侧绘制一个圆角矩形，如图 13-21 所示。选择工具箱中的"自定形状工具"，在选项栏中设置绘制模式为"形状"，"填充"为白色，在"形状"

下拉面板中选择心形，在圆角矩形左侧位置绘制一个心形，如图 13-22 所示。（如果没有该形状，可以在"形状"面板菜单中载入"旧版形状及其他"。）

图 13-21　　　　　　图 13-22

（5）使用"横排文字工具"在圆角矩形上方添加文字，效果如图 13-23 所示。

图 13-23

（6）继续使用"横排文字工具"在导航栏中添加导航文字，如图 13-24 所示。

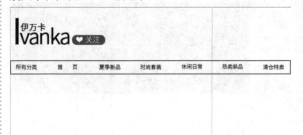

图 13-24

（7）选择工具箱中的"钢笔工具"，在选项栏中设置绘制模式为"形状"，"填充"为黑色，"描边"为无，在文字右侧绘制一个三角形，如图 13-25 所示。选中三角形图层，使用快捷键 Ctrl+J 将图层复制一份，按住 Shift 键向右移动，如图 13-26 所示。

图 13-25　　　　　　图 13-26

（8）继续将三角形进行复制，移动到文字的右侧，效果如图 13-27 所示。（导航栏中的文字及图形可以使用对齐功能进行对齐。）

图 13-27

13.2.3　通栏广告与优惠券

（1）选择工具箱中的"矩形工具"，在选项栏中设置绘制模式为"形状"，"填充"为黑色，绘制一个矩形，如图 13-28 所示。

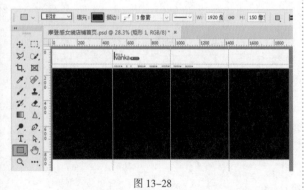

图 13-28

（2）将人物素材 1.jpg 置入文档，将图层栅格化。选择工具箱中的"快速选择工具"，在人物上方按住鼠标左键拖动得到人物的选区，如图 13-29 所示。接着单击"图层"面板底部的"添加图层蒙版"按钮，基于当前选区为该图层添加图层蒙版，如图 13-30 所示。

（3）继续使用"横排文字工具"在画面中的相应位置添加文字，并将部分文字进行旋转，如图 13-31 所示。

图 13-29

图 13-30　　　　　　图 13-31

（4）选择工具箱中的"矩形工具"，在选项栏中设置绘制模式为"形状"，"填充"为无，"描边"为白色，描边粗细为 1 像素。接着在海报部分的底部位置绘制一个矩形，如图 13-32 所示。接着使用"横排文字工具"在矩形内部添加文字，如图 13-33 所示。

图 13-32

图 13-33

（5）选择工具箱中的"矩形工具"，在选项栏中设置绘制模式为"形状","填充"为卡其色,"描边"为无,接着在海报下方的空白位置绘制一个矩形,如图 13-34 所示。接着使用"横排文字工具"在矩形上方依次添加文字,如图 13-35 所示。

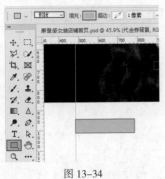

图 13-34

图 13-35

(6)选择工具箱中的"钢笔工具",在选项栏中设置绘制模式为"形状","填充"为无,"描边"为深褐色,描边粗细为 1 像素,在"领"字上方绘制一条直线,如图 13-36 所示。选中直线图层,使用快捷键 Ctrl+J 将图层复制一份,按住 Shift 键向垂直方向移动,如图 13-37 所示。

图 13-36　　　　图 13-37

(7)加选两个直线图层,使用快捷键 Ctrl+J 将图层复制,使用"自由变换"快捷键 Ctrl+T,在选项栏中设置"角度"为 90.00 度,如图 13-38 所示。变换完成后按 Enter 键确定变换操作。此时一张代金券就制作完成了,然后加选构成代金券的图层,使用快捷键 Ctrl+G 进行编组。

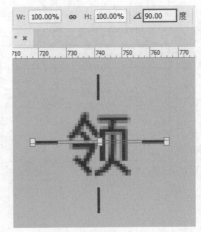

图 13-38

(8)因为代金券的样式相同,只有文字不同,所以将现有的代金券进行复制,更改文字内容即可。选中图层组,使用快捷键 Ctrl+J 将图层组复制一份,向右移动,接着将文字内容进行更改,如图 13-39 所示。使用相同的方法制作"80 元代金券",效果如图 13-40 所示。

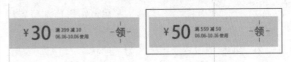

图 13-39

图 13-40

13.2.4　品类入口与产品列表

(1)选择工具箱中的"矩形工具",在选项栏中设置绘制模式为"形状","填充"为浅灰色,"描边"为无,绘制一个灰色的矩形,如图 13-41 所示。接着使用"矩形工具"绘制一个稍小的矩形,设置"填充"为白色,如图 13-42 所示。

扫一扫,看视频

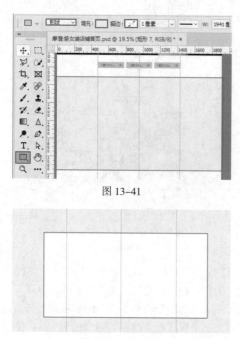

图 13-41

图 13-42

（2）使用"横排文字工具"在灰色矩形顶部位置添加文字，如图 13-43 所示。选择工具箱中的"钢笔工具"，在选项栏中设置绘制模式为"形状"，"填充"为无，"描边"为黑色，描边粗细为 3 像素，在文字之间绘制直线，如图 13-44 所示。这处文字将作为每个模块的标题文字。

图 13-43

图 13-44

（3）使用"矩形工具"绘制两个矩形，如图 13-45 所示。选中右侧的矩形，按住快捷键 Alt+Shift 向下拖动进行移动并复制操作，如图 13-46 所示。

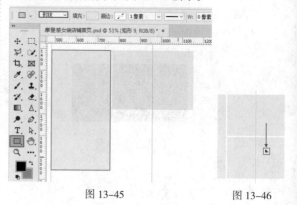

图 13-45　　　　　　　　　　图 13-46

（4）使用相同的方法将左侧的矩形复制一份移动到右侧，如图 13-47 所示。选中工具箱中的"移动工具"，在选项栏中勾选"自动选择"复选框，在左侧矩形上单击选中该图层，如图 13-48 所示。

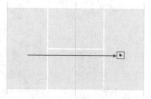

图 13-47

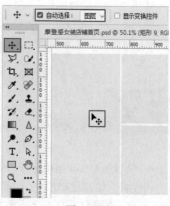

图 13-48

（5）置入人像素材 2.jpg，放在左侧矩形上方。在"图层"面板中选中该人像图层，右击执行"创建剪贴蒙版"命令，以下方矩形图层为基底图层创建剪贴蒙版，效果如图 13-49 所示。使用相同的方法置入其他素材，并基于相应矩形图层创建剪贴蒙版，效果如图 13-50 所示。

图 13-49   图 13-50

（6）使用"横排文字工具"在相应位置添加文字，如图 13-51 所示。将文字图层进行复制并移动位置，更改文字内容及颜色，如图 13-52 所示。

图 13-51

图 13-52

（7）将此处的图形、图片和文字图层加选后使用快捷键 Ctrl+G 进行编组，选中图层组，执行"图层"→"图层样式"→"投影"命令，在打开的"图层样式"对话框中设置"混合模式"为"正常"，颜色为黄褐色，"不透明度"为 30%，"角度"为 123 度，"距离"为 4 像素，"大小"为 1 像素，参数设置如图 13-53 所示。设置完成后单击"确定"按钮，效果如图 13-54 所示。

图 13-53   图 13-54

（8）使用"矩形工具"在下方版面中绘制矩形，如图 13-55 所示。置入人像素材 6.jpg，右击执行"创建剪贴蒙版"命令，以矩形图层为基底图层创建剪贴蒙版，如图 13-56 所示。

图 13-55   图 13-56

（9）使用"矩形工具"在人像的左侧绘制矩形，如图 13-57 所示。再次置入人像素材 6.jpg，创建剪贴蒙版，只显示服装的面料部分，如图 13-58 所示。

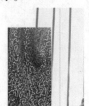

图 13-57   图 13-58

（10）为矩形添加白色的描边，选中右侧的矩形图层，执行"图层"→"图层样式"→"描边"命令，设置"大小"为 10 像素，"位置"为"外部"，"混合模式"为"正常"，"填充类型"为"颜色"，"颜色"为白色，如图 13-59 所示。设置完成后单击"确定"按钮，效果如图 13-60 所示。

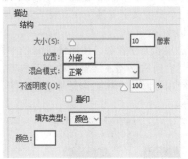

图 13-59   图 13-60

（11）继续使用"横排文字工具"依次添加文字，如图 13-61 所示。使用相同的方法制作下方版面中的内容，如图 13-62 所示。

图 13-61   图 13-62

（12）将上方版面中的标题文字和直线图层复制一份并向下移动，接着更改文字内容，如图 13-63 所示。置入衣服素材 10.png，如图 13-64 所示。

图 13-63

图 13-64

（13）选择工具箱中的"钢笔工具"，在选项栏中设置绘制模式为"形状"，"填充"为无，"描边"为灰色，描边粗细为 2 像素，接着在裙子下方绘制一条直线，如图 13-65 所示。使用"横排文字工具"在直线下方添加文字，如图 13-66 所示。

（14）加选直线图层和文字图层，使用快捷键 Ctrl+J 将图层复制一份，然后向右移动，接着更改文字内容，如图 13-67 所示。使用相同的方法制作另外三组文字，效果如图 13-68 所示。

图 13-65

图 13-66   图 13-67

图 13-68

（15）使用"矩形工具"绘制矩形，如图 13-69 所示。接着将矩形复制两份并向右移动，如图 13-70 所示。

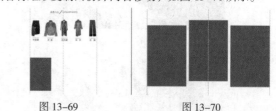

图 13-69   图 13-70

（16）在"图层"面板中加选三个矩形图层，选择工具箱中的"移动工具"，单击选项栏中"顶对齐"按钮和"水平分布"按钮，如图 13-71 所示。加选三个矩形图层，按住快捷键 Alt+Shift 向下拖动，进行垂直方向的平移并复制，如图 13-72 所示。

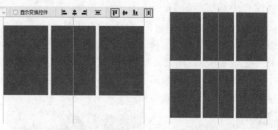

图 13-71   图 13-72

（17）依次置入人像素材，并基于下方的文字创建剪贴蒙版。使用"横排文字工具"在图片的下方添加文字，如图 13-73 所示。

中文版 Photoshop 电商美工设计从入门到实战（全程视频版）（下册）

图 13-73

13.2.5 品牌信息及底栏

（1）将素材 17.jpg 置入文档，移动至画面的底部。选择素材图层并右击执行"栅格化图层"命令，将图层栅格化，如图 13-74 所示。接着执行"图像"→"调整"→"去色"命令，效果如图 13-75 所示。

扫一扫，看视频

图 13-74

图 13-75

（2）使用"矩形工具"在图像上方绘制一个白色矩形，如图 13-76 所示。接着使用"横排文字工具"在矩形上方和下方依次添加文字，如图 13-77 所示。

图 13-76

图 13-77

（3）继续使用"横排文字工具"添加文字，并设置文字的对齐方式为"居中对齐"，如图 13-78 所示。

图 13-78

（4）选择工具箱中的"矩形工具"，在画面的底部位置绘制一个黑色矩形，如图 13-79 所示。接着将画面顶部导航栏中的文字部分复制一份，移动到黑色矩形上方，并将文字更改为白色，如图 13-80 所示。

图 13-79

图 13-80

（5）再次使用"矩形工具"绘制一个黑色矩形，如图 13-81 所示。选择工具箱中的"椭圆工具"，在选项栏中设置绘制模式为"形状"，"填充"为"无"，"描边"为"白色"，描边粗细为 2 像素，在黑色矩形左侧绘制一个正圆形，如图 13-82 所示。

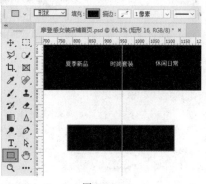

图 13-81

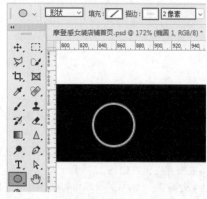

图 13-82

（6）使用"钢笔工具"在正圆形中绘制箭头图形，如图 13-83 所示。使用"横排文字工具"在矩形的右侧添加文字，按钮制作完成，效果如图 13-84 所示。

图 13-83

图 13-84

文件路径	资源包\第13章\项目实例：童话感产品专题页
难易指数	★★★★★
技术掌握	通道抠图、横排文字工具、矩形工具、椭圆选框工具、图层蒙版、画笔工具

案例效果

案例效果如图 13-85 所示。

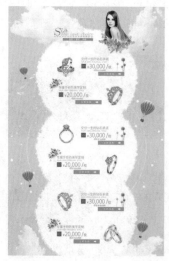

图 13-85

13.3.1 创意解析

本案例是为以钻戒为主的网店设计的专题活动页面。由于受众群体大多为年轻女性，本案例以粉色为主色调，白色云朵搭配浅粉色给人一种温情、浪漫、梦幻的感受，同时这两种颜色也在一程度上迎合了女性消费群众的喜好，也表达出钻戒所代表的甜蜜爱情的象征。在构图方式上，采用"Z形视觉流程"，让消费者在浏览的过程中形成活跃且具有节奏的体验，有利于减轻浏览时的枯燥感与乏味感。

13.3.2　制作页面背景

（1）新建一个宽度为1920像素，高度为2955像素的空白文档。将前景色设置为浅粉色，如图13-86所示。使用快捷键Alt+Delete进行填充，如图13-87所示。

扫一扫，看视频

图13-86	图13-87

（2）将素材1.png置入文档，移动至画面的中间位置，如图13-88所示。接着将热气球素材置入文档，并将热气球图层栅格化，如图13-89所示。

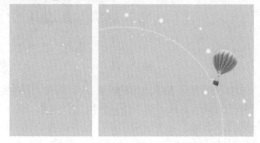

图13-88	图13-89

（3）选中热气球素材图层，按住Alt键向左下方拖动，进行移动并复制操作，如图13-90所示。接着选中复制得到的热气球图层，使用"自由变换"快捷键Ctrl+T，右击执行"水平翻转"命令，如图13-91所示。

图13-90	图13-91

（4）适当地缩小热气球，变换完成后按Enter键确定变换操作，如图13-92所示。使用相同的方法复制多份热气球，并调整大小和位置，如图13-93所示。

图13-92	图13-93

（5）新建图层，选择工具箱中的"椭圆选框工具"，按住鼠标左键拖动绘制一个椭圆形选区，将前景色设置为白色，使用快捷键Alt+Delete进行填充，如图13-94所示。使用快捷键Ctrl+D取消选区的选择。选择椭圆形图层，选择工具箱中的"橡皮擦工具"，选择一个毛刷笔尖，适当降低"不透明度"和"流量"，在椭圆形边缘涂抹进行擦除，从而制作出不规则的边缘，效果如图13-95所示。

图13-94

图13-95

（6）选中椭圆形，按住快捷键 Alt+Shift 向下拖动进行移动并复制操作，如图 13-96 所示。继续复制一份椭圆形，效果如图 13-97 所示。

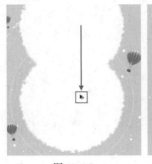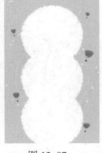

图 13-96　　　　　　图 13-97

（7）置入云朵素材 3.jpg，并将图层栅格化，如图 13-98 所示。将云朵图层以外的图层隐藏，打开"通道"面板，将"红"通道复制一份。选择复制后的"红 拷贝"通道，使用快捷键 Ctrl+M 调出"曲线"对话框，单击"设置黑场"按钮，在天空的位置单击，使其变为黑色，如图 13-99 所示。

图 13-98

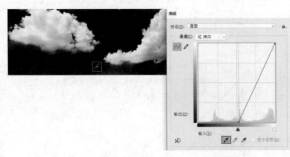

图 13-99

（8）单击"通道"面板底部的"将通道作为选区载入"按钮，得到白色区域的选区，如图 13-100 所示。回到"图层"面板中，选中云朵图层，单击"图层"面板底部的"添加图层蒙版"按钮，基于当前选区为该图层添加图层蒙版。接着将隐藏的图层显示出来，如图 13-101 所示。

图 13-100

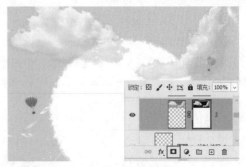

图 13-101

（9）如果残留了图像边缘的像素，可以选中图层蒙版，使用黑色的画笔涂抹，利用图层蒙版进行隐藏。为了强化云朵的厚重感，选中云朵图层，按 3 次快捷键 Ctrl+J 将云朵图层复制 3 份，此时画面效果如图 13-102 所示。

图 13-102

（10）此时云朵还残留着蓝色的像素，需要去除。加选 4 个云朵图层，使用快捷键 Ctrl+G 将其进行编组。选中图层组，新建一个"色相 / 饱和度"调整图层，设置"明度"为 +70，单击"属性"面板底部的 按钮，创建剪贴蒙版，如图 13-103 所示。"图层"面板如图 13-104 所示，云朵效果如图 13-105 所示。

图 13-103   图 13-104

图 13-105

（11）加选云朵图层组和"色相/饱和度"调整图层，使用快捷键 Ctrl+J 将其复制一份，向下移动，如图 13-106 所示。使用"自由变换"快捷键 Ctrl+T，右击执行"水平翻转"命令，适当地进行旋转，如图 13-107 所示。变换完成后按 Enter 键确定变换操作。最后将图层移动到圆形图案的下方，背景部分制作完成。

图 13-106   图 13-107

13.3.3　顶部标题

（1）将人物素材置入文档，并将图层栅格化，如图 13-108 所示。选择工具箱中的"快速选择工具"，单击选项栏中的"添加到选区"按钮，设置合适的笔尖大小，在人物

扫一扫，看视频

上方按住鼠标左键拖动进行涂抹，得到人物的选区，如图 13-109 所示。

图 13-108

图 13-109

（2）在当前选区状态下单击"图层"面板底部的"添加图层蒙版"按钮，基于当前选区为该图层添加图层蒙版。将前景色设置为黑色，选择"画笔工具"，选择"柔边圆"画笔，在人像底部位置涂抹，制作出边缘虚化的效果，如图 13-110 所示。将花环素材 5.png 置入文档，移动到人物上方，如图 13-111 所示。

图 13-110   图 13-111

（3）将花环图层栅格化，为该图层添加图层蒙版，使用黑色画笔在花环上半部分进行涂抹，将其隐藏，只

441

保留花朵部分，如图 13-112 所示。选择工具箱中的"横排文字工具"，在人物的左侧位置单击插入光标，输入文字。选中文字图层，执行"窗口"→"字符"命令，设置合适的字体、字号，将文字颜色设置为紫色，单击"仿斜体"按钮，如图 13-113 所示。

图 13-112

图 13-113

（4）继续使用"横排文字工具"添加文字，并添加"仿斜体"效果，如图 13-114 所示。选择工具箱中的"钢笔工具"，在选项栏中设置绘制模式为"形状"，"填充"为无，"描边"为紫色，描边粗细为 2 点，描边样式为虚线。设置完成后在文字下方绘制一条虚线，如图 13-115 所示。

图 13-114

图 13-115

（5）选择工具箱中的"矩形工具"，在选项栏中设置绘制模式为"形状"，"填充"为紫色，"描边"为无，设置完成后在文字下方绘制矩形，如图 13-116 所示。接着使用"横排文字工具"在矩形上方添加文字，如图 13-117 所示。

图 13-116　　　　　　图 13-117

13.3.4　产品展示

扫一扫，看视频

（1）将戒指素材 7.png 置入文档，如图 13-118 所示。按住 Ctrl 键单击戒指图层缩览图载入选区，基于当前选区为该图层添加图层蒙版，添加图层蒙版后，戒指阴影被淡化了，如图 13-119 所示。

图 13-118　　　　　　图 13-119

（2）将花朵素材 6.png 置入文档，移动到人物下方，如图 13-120 所示。使用"横排文字工具"在戒指的右侧添加文字，如图 13-121 所示。

图 13-120　　　　　　图 13-121

（3）继续使用"横排文字工具"输入文字，选中文字图层，在"字符"面板中单击"删除线"按钮，效果如图 13-122 所示。继续添加其他的文字，如图 13-123 所示。

图 13-122　　　　　　　图 13-123

图 13-127

（4）选择工具箱中的"矩形工具"，在选项栏中设置绘制模式为"形状"，"填充"为洋红色，在文字的左侧位置绘制矩形，如图 13-124 所示。接着使用"横排文字工具"在矩形上方添加文字，如图 13-125 所示。

（6）继续使用"横排文字工具"在矩形上方添加文字，如图 13-128 所示。

（7）将花朵素材 8.png 和 9.png 置入文档，移动到合适位置，如图 13-129 所示。将上方模块中的文字和图形加选，使用快捷键 Ctrl+J 将图层进行复制，向左下移动，如图 13-130 所示。

图 13-124　　　　　　　图 13-125

（5）选择工具箱中的"矩形工具"，在选项栏中设置绘制模式为"形状"，"填充"为紫灰色，在文字右下方位置绘制矩形，如图 13-126 所示。选择工具箱中的"自定形状工具"，单击"形状"下拉按钮，在下拉面板中选择箭头图形，在矩形右侧绘制一个箭头图形，在选项栏中设置"填充"为白色，如图 13-127 所示。（如果没有该形状，可以在"形状"面板菜单中载入"旧版形状及其他"。）

图 13-128　　　　　　　图 13-129

图 13-130

（8）选择工具箱中的"横排文字工具"，在文字上方拖动将文字选中，如图 13-131 所示。将选中的文字删除，重新输入文字，如图 13-132 所示。文字输入完成后按快捷键 Ctrl+Enter 提交操作。

图 13-126

图 13-131

图 13-132

（9）继续将文字内容进行更改，如图 13-133 所示。使用相同的方法制作下方版面中的内容，效果如图 13-134 所示。至此，本案例制作完成。

图 13-133

图 13-134

<table>
<tr><td rowspan="4">13.4</td><td colspan="2">项目实例：暗调咖啡店铺首页</td></tr>
</table>

13.4 项目实例：暗调咖啡店铺首页

文件路径	资源包 \ 第 13 章 \ 项目实例：暗调咖啡店铺首页
难易指数	★★★★★
技术掌握	横排文字工具、图层样式、图层蒙版、剪贴蒙版、混合模式、矩形工具、钢笔工具

案例实例

案例效果如图 13-135 所示。

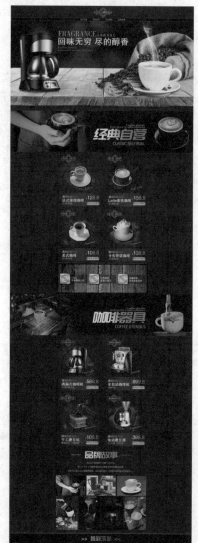

图 13-135

13.4.1　创意解析

　　该店铺以成品咖啡和咖啡器具的销售为主。整体以深褐色为主色调，因为咖啡本身的颜色为深褐色，与产品之间形成呼应关系。并用金色作为点缀色，为画面增添了华丽的色彩。整个画面采用"垂直形视觉流程"，这样可以使原本丰富的内容更具条理性，在浏览的过程中不会因为篇幅过长而失去"方向感"。

中文版 Photoshop 电商美工设计从入门到实战（全程视频版）（下册）

13.4.2 店招与导航

（1）新建一个空白文档，将前景色设置为深灰色，使用快捷键 Alt+Delete 进行填充。接着将木板素材 1.jpg 置入文档，并将图层栅格化，如图 13-136 所示。选中木板图层，按住 Alt 键向下拖动进行移动并复制操作，如图 13-137 所示。

扫一扫，看视频

图 13-136　　　　图 13-137

（2）两个木板之间有生硬的边缘，需要利用图层蒙版隐藏。为上方的木板图层添加图层蒙版，将前景色设置为黑色，选择"画笔工具"，选择"柔边圆"画笔，在衔接的位置涂抹，将生硬的边缘隐藏，效果如图 13-138 所示。

图 13-138

（3）加选两个木板图层，使用快捷键 Ctrl+G 进行编组，设置该图层组的"不透明度"为 20%，如图 13-139 与图 13-140 所示。

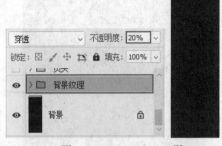

图 13-139　　　　图 13-140

（4）创建一个"色相/饱和度"调整图层，设置"色相"为 -8，"饱和度"为 +9，如图 13-141 所示，效果如图 13-142 所示。

图 13-141　　　　图 13-142

（5）制作店招。将花纹素材 2.png 置入文档，移动至画面顶部的中央位置，如图 13-143 所示。选中该图层，执行"图层"→"图层样式"→"渐变叠加"命令，设置"混合模式"为"正常"，"不透明度"为 100%，"渐变"为黄色系的渐变，"样式"为"线性"，"角度"为 113 度，"缩放"为 67%，参数设置如图 13-144 所示。设置完成后单击"确定"按钮，效果如图 13-145 所示。

图 13-143　　　　图 13-144

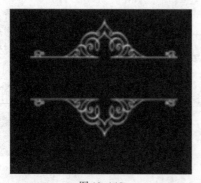

图 13-145

提示：存储新的渐变。

　　本案例会多次用到金色系的渐变，当渐变编辑完成后，可以单击"新建"按钮，将其保存在"渐变编辑器"对话框中，这样能够方便调用，如图 13-146 所示。

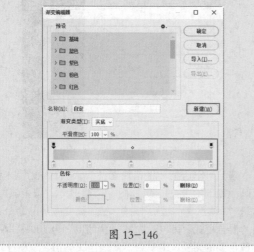

图 13-146

　　（6）选择工具箱中的"横排文字工具"，在花纹的中间位置单击插入光标，在选项栏中设置合适的字体、字号，输入文字，如图 13-147 所示。继续在文字下方添加一段英文，如图 13-148 所示。

图 13-147

图 13-148

　　（7）选择工具箱中的"矩形工具"，在选项栏中设置绘制模式为"形状"，"填充"为黑色，"描边"为咖啡色，描边粗细为 2 像素。设置完成后在标志下方绘制一个细长的矩形，该矩形作为导航的底色，如图 13-149 所示。

图 13-149

　　（8）使用"横排文字工具"在矩形上方添加文字，如图 13-150 所示。选择工具箱中的"移动工具"，选中文字图层，按住 Shift 键的同时按住 Alt 键向右拖动，进行移动并复制操作，如图 13-151 所示。

图 13-150

图 13-151

　　（9）将文字内容进行更改，如图 13-152 所示。使用同样的方法制作其他文字，导航效果如图 13-153 所示。

图 13-152

中文版 Photoshop 电商美工设计从入门到实战（全程视频版）（下册）

图 13-153

13.4.3 通栏广告

（1）将背景素材 3.png 置入文档，并调整至合适大小，如图 13-154 所示。选择背景素材，执行"图层"→"新建调整图层"→"色相/饱和度"命令，新建一个"色相/饱和度"调整图层。在"属性"面板中设置"饱和度"为+24，单击"属性"面板底部的 按钮，创建剪贴蒙版，如图 13-155 所示，效果如图 13-156 所示。

图 13-154   图 13-155

图 13-156

（2）新建一个"曲线"调整图层，在曲线的中间位置单击添加控制点并向左上方拖动，提高画面的亮度。单击 按钮创建剪贴蒙版，如图 13-157 所示，效果如图 13-158 所示。

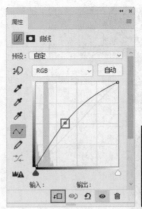

图 13-157   图 13-158

（3）置入台面素材 4.jpg，并将图层栅格化。选择工具箱中的"矩形选框工具"，在台面素材的位置绘制一个矩形选区，如图 13-159 所示。单击"图层"面板底部的"添加图层蒙版"按钮，基于当前选区为该图层添加图层蒙版，如图 13-160 所示。

图 13-159

图 13-160

（4）选中台面素材图层，使用"自由变换"快捷键 Ctrl+T，右击执行"透视"命令，如图 13-161 所示。接着拖动控制点进行透视变形，如图 13-162 所示。变形完成后按 Enter 键确定变换操作。

图 13-161

图 13-162

（5）将咖啡素材 5.png 置入文档，移动到画面右侧。但有一部分超出版面需要去除，如图 13-163 所示。在咖啡素材上方绘制矩形，并基于当前选区添加图层蒙版，只保留选区内的像素，如图 13-164 所示。

图 13-163

图 13-164

（6）在咖啡素材下方新建图层，将前景色设置为深灰色。选择工具箱中的"画笔工具"，选择"柔边圆"画笔，设置"大小"为 70 像素，"不透明度"和"流量"为 80%，在咖啡底部边缘绘制阴影，如图 13-165 所示。

图 13-165

（7）将咖啡机素材 6.png 置入文档，进行水平翻转后移动至海报的左侧位置，如图 13-166 所示。在其下方新建图层，并绘制阴影，如图 13-167 所示。

图 13-166　　　　　　图 13-167

（8）使用"横排文字工具"，在海报的中间位置添加文字，如图 13-168 所示。选择文字图层，执行"图层"→"图层样式"→"渐变叠加"命令，设置"混合模式"为"正常"，"渐变"为金色系渐变，"样式"为"线性"，"角度"为 -90度，参数设置如图 13-169 所示。设置完成后单击"确定"按钮，效果如图 13-170 所示。

图 13-168

图 13-169　　　　　　图 13-170

（9）使用"横排文字工具"在主体文字的上方和下方添加文字，海报效果如图13-171所示。

图 13-171

（10）选择工具箱中的"矩形工具"，在选项栏中设置绘制模式为"形状"，"填充"为褐色，"描边"为无，在台面素材下方绘制一个矩形，如图13-172所示。将咖啡豆背景素材7.jpg置入文档，在"图层"面板中选中该图层，右击执行"创建剪贴蒙版"命令，如图13-173所示。

（11）选择咖啡豆素材图层，设置该图层的"不透明度"为30%，如图13-174所示。

图 13-172

图 13-173

图 13-174

（12）新建一个"曝光度"调整图层，设置"曝光度"为-4.00，单击"属性"面板底部的按钮，创建剪贴蒙版，如图13-175所示。此时画面效果如图13-176所示。

图 13-175

图 13-176

（13）将人物素材8.jpg置入文档，移动到矩形的左侧位置。选中该图层，右击执行"创建剪贴蒙版"命令，隐藏矩形以外的部分，如图13-177所示。为该图层添加图层蒙版，将前景色设置为黑色，选择"画笔工具"，选择"柔边圆"画笔，在蒙版中的图像右侧边缘进行涂抹，将生硬的边缘隐藏，如图13-178所示。

图 13-177   图 13-178

（14）将咖啡素材9.png置入文档，移动到版面的右侧，如图13-179所示。

图 13-179

（15）使用"横排文字工具"在版面的中间位置添加文字。选中文字图层，执行"窗口"→"字符"命令，单击"仿斜体"按钮，效果如图13-180所示。选中文字图层，执行"图层"→"图层样式"→"渐变叠加"命令，在打开的"图层样式"对话框中设置"渐变叠加"的"混合模式"为"正常"，"渐变"为金色系渐变，"样式"为"线性"，"角度"为-160度，"缩放"为67%，如图13-181所示。

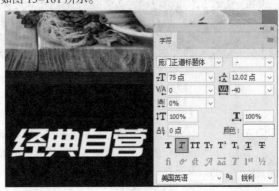

图 13-180

图 13-181

（16）在窗口左侧启用"投影"样式，打开"投影"参数设置页面，设置投影的"混合模式"为"正片叠底"，颜色为黑色，"角度"为 133 度，"距离"为 3 像素，"大小"为 1 像素，参数设置如图 13-182 所示。设置完成后单击"确定"按钮，效果如图 13-183 所示。

图 13-182

图 13-183

（17）使用"横排文字工具"在主体文字上方和下方依次添加文字，效果如图 13-184 所示。

图 13-184

13.4.4 产品模块

扫一扫，看视频

（1）将素材 10.jpg 置入文档，为该图层添加图层蒙版，在图层蒙版中使用黑色的柔边圆画笔在图片边缘进行涂抹，隐藏生硬的边缘，效果如图 13-185 所示。将该图层的"不

透明度"设置为 40%，如图 13-186 所示。

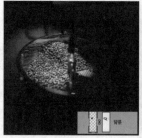   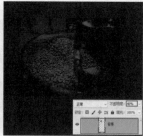

图 13-185   图 13-186

（2）将咖啡素材 11.png 置入文档，调整至合适大小，移动到半透明的图片上，如图 13-187 所示。选中该图层，执行"图层"→"图层样式"→"投影"命令，在打开的"图层样式"对话框中设置"投影"的"混合模式"为"正常"，颜色为黑色，"角度"为 133 度，"距离"为 14 像素，"扩展"为 11%，"大小"为 10 像素，参数设置如图 13-188 所示。设置完成后单击"确定"按钮。

图 13-187   图 13-188

（3）选择工具箱中的"矩形工具"，在选项栏中设置绘制模式为"形状"，"填充"为深褐色，在咖啡的下方绘制一个矩形，如图 13-189 所示。将该图层的"不透明度"设置为 80%，为该图层添加图层蒙版，选择"渐变工具"，编辑一个由黑色到白色再到黑色的渐变，设置渐变类型为"线性渐变"，选中图层蒙版，按住鼠标左键横向拖动，隐藏矩形左右两侧边缘，效果如图 13-190 所示。

图 13-189

图 13-190

图 13-195　　　　　　　　图 13-196

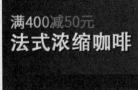

图 13-197

(4) 使用"横排文字工具"在褐色矩形上方添加文字，如图 13-191 所示。选中文字图层，执行"图层"→"图层样式"→"渐变叠加"命令，在"图层样式"对话框中设置"混合模式"为"正常"，"渐变"为金色系渐变，"样式"为"线性"，"角度"为 -160 度，"缩放"为 67%，参数设置如图 13-192 所示。设置完成后单击"确定"按钮，效果如图 13-193 所示。

(5) 将文字图层选中，使用快捷键 Ctrl+J 复制一份，向右移动。接着使用"横排文字工具"选中文字并更改文字内容，并将字号调大，如图 13-194 所示。

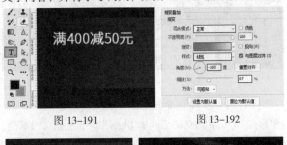

图 13-191　　　　　　　　图 13-192

图 13-193　　　　　　　　图 13-194

(6) 使用"横排文字工具"继续添加文字，如图 13-195 所示。执行"图层"→"图层样式"→"投影"命令，在"图层样式"对话框中设置"混合模式"为"正片叠底"，颜色为黑色，"角度"为 133 度，"距离"为 3 像素，"大小"为 1 像素，参数设置如图 13-196 所示。设置完成后单击"确定"按钮，效果如图 13-197 所示。

(7) 选择工具箱中的"矩形工具"，在选项栏中设置绘制模式为"形状"，"填充"为渐变，编辑一个金色系的渐变，"圆角半径"为 15 像素。设置完成后在金色文字下方绘制一个圆角矩形，如图 13-198 所示。使用"横排文字工具"在圆角矩形上方添加文字，如图 13-199 所示。

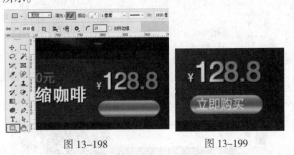

图 13-198　　　　　　　　图 13-199

(8) 选择工具箱中的"自定形状工具"，在选项栏中设置绘制模式为"形状"，"填充"为白色，单击"形状"下拉按钮，在下拉面板中选择相应的形状，在圆角矩形的右侧绘制图形（此处使用的是旧版形状，如果没有该形状，可以在"形状"面板菜单中载入"旧版形状及其他"），如图 13-200 所示。使用"横排文字工具"在咖啡的右侧添加文字，字体可以选择飘逸的手写字体，文字输入完成后适当地进行旋转，如图 13-201 所示。

(9) 将店铺标志的花纹图层选中，使用快捷键 Ctrl+J 将图层复制一份，移动到此模块商品的左上角位置，并调整至合适的大小，如图 13-202 所示。选择"钢笔工具"，在选项栏中设置绘制模式为"形状"，"填充"为无，"描边"为渐变，编辑一个金色系的渐变，设置描边粗细为 2 像素，在花纹上绘制一条直线，如图 13-203 所示。

图 13-200

图 13-201

图 13-202

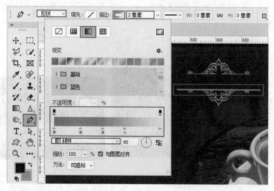

图 13-203

（10）选中直线图层，使用快捷键 Ctrl+J 将图层复制一份，向下移动，如图 13-204 所示。使用"横排文字工具"在花纹的中间位置添加文字，并添加"渐变叠加"图层样式，如图 13-205 所示。此时该模块制作完成，加选此模块的图层，使用快捷键 Ctrl+G 进行编组。

图 13-204

图 13-205

（11）将图层组选中，使用快捷键 Ctrl+J 将图层组复制一份，将复制的图层组向右移动，如图 13-206 所示。接着将咖啡素材和半透明的背景图层选中，然后删除，如图 13-207 所示。

图 13-206

图 13-207

（12）将背景素材 12.jpg 置入文档，并将图层移动到该图层组的最下方。接着设置该图层的"不透明度"为40%，为该图层添加图层蒙版，使用黑色的柔边圆画笔在图像边缘涂抹进行隐藏，如图 13-208 所示。将咖啡素材 13.png 置入文档，调整大小，如图 13-209 所示

图 13-208

图 13-209

（13）使用"横排文字工具"更改下方文字内容，如图 13-210 所示。使用相同的方法制作下方的两组产品，效果如图 13-211 所示。

图 13-210

图 13-211

（14）将木板素材 18.jpg 置入文档，选中工具箱中的"矩形选框工具"，在木板素材上绘制一个矩形选区，如图 13-212 所示。接着选中该图层，单击"图层"面板底部的"添加图层蒙版"按钮，基于当前选区为该图层添加图层蒙版，如图 13-213 所示。

图 13-212

图 13-213

（15）选中木板图层，执行"图层"→"图层样式"→"斜面和浮雕"命令，在打开的"图层样式"对话框中设置"斜面和浮雕"的"样式"为"浮雕效果"，"方法"为"平滑"，"深度"为240%，"方向"为"上"，"大小"为8像素，"软化"为6像素，"角度"为90度，"高度"为30度，"高光模式"为"滤色"，颜色为浅褐色，"阴影模式"为"正片叠底"，颜色为深褐色，"不透明度"为50%，参数设置如图13-214所示。接着启用"描边"样式，设置"描边"的"大小"为10像素，"位置"为"内部"，"混合模式"为"正常"，"填充类型"为"颜色"，"颜色"为黑色，如图13-215所示。

图 13-214 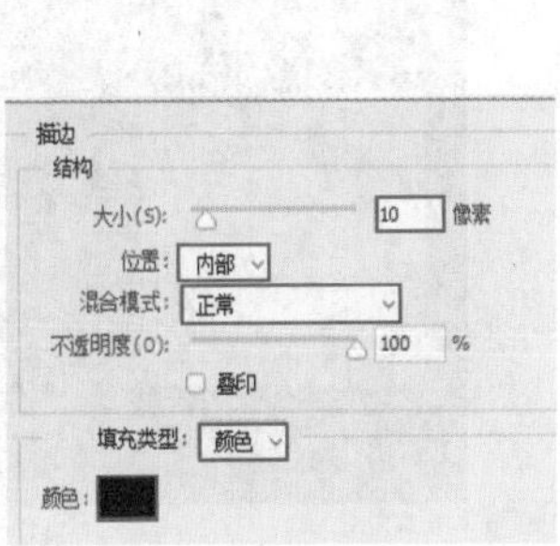　　　　　图 13-215

（16）启用"内阴影"样式，设置"内阴影"的"混合模式"为"正片叠底"，颜色为黑色，"不透明度"为73%，"角度"为90度，"距离"为17像素，"大小"为4像素，参数设置如图13-216所示。启用"投影"样式，设置"投影"的"混合模式"为"正常"，颜色为黑色，"不透明度"为73%，"角度"为133度，"距离"为9像素，"扩展"为14%，参数设置如图13-217所示。设置完成后单击"确定"按钮，效果如图13-218所示。

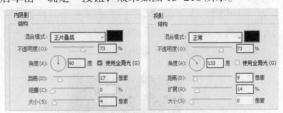

图 13-216　　　　　图 13-217

图 13-218

（17）新建一个"亮度/对比度"调整图层，设置"亮度"为-80，单击面板底部的 按钮，创建剪贴蒙版，如图13-219所示，效果如图13-220所示。

图 13-219

图 13-220

（18）选择工具箱中的"矩形工具"，在选项栏中设置绘制模式为"形状"，"填充"为金色系渐变，"描边"为褐色，描边粗细为3像素，"半径"为5像素，设置完成后在木板左侧位置绘制一个圆角矩形，如图13-221所示。选中该图层，执行"图层"→"图层样式"→"投影"命令，在"图层样式"对话框中设置"投影"的"混合模式"为"正常"，颜色为黑色，"不透明度"为63%，"角度"为133度，"距离"为6像素，"扩展"为14%，"大小"为5像素，参数设置如图13-222所示。设置完成后单击"确定"按钮，效果如图13-223所示。

图 13-221

图 13-222

图 13-223

（19）将花纹素材19.png置入文档，移动至金色矩形上方，如图13-224所示。选中该素材，执行"图层"→"图层样式"→"渐变叠加"命令，在"图层样式"对话框中设置"渐变叠加"的"混合模式"为"正常"，"渐变"为金色系渐变，"样式"为"线性"，"角度"为113度，"缩放"为67%，参数设置如图13-225所示。

图 13-224

图 13-225

（20）打开"投影"参数设置页面，设置"混合模式"为"正常"，颜色为黑色，"不透明度"为25%，"角度"为133度，"距离"为1像素，"扩展"为14%，"大小"为1像素，参数设置如图13-226所示。设置完成后单击"确定"按钮，效果如图13-227所示。

图 13-226

图 13-227

（21）使用"横排文字工具"在图形的内部添加文字，如图13-228所示。选中花纹素材图层，右击执行"拷贝图层样式"命令，接着选中文字图层，执行"粘贴图层样式"命令，快速为文字图层添加与花纹素材图层相同的样式，如图13-229所示。

图 13-228

图 13-229

（22）选择工具箱中的"矩形工具"，在选项栏中设置绘制模式为"形状"，"填充"为深褐色，在金色矩形的右侧绘制矩形，如图13-230所示。接着在"图层"面板中设置该图层的"不透明度"为50%，如图13-231所示。此时画面效果如图13-232所示。

图 13-230

图 13-231　　　　　　　　图 13-232

（23）使用"横排文字工具"在半透明的矩形上方添加文字，如图 13-233 所示。将此处的图形和文字加选后使用快捷键 Ctrl+G 进行编组，复制图层组并向右移动，接着更改文字内容，制作出其他的文字介绍，效果如图 13-234 所示。

图 13-233

图 13-234

（24）将"经典自营"图层组复制一份，移动至下方版面，如图 13-235 所示。更改文字内容以及左右两侧的图片，效果如图 13-236 所示。

图 13-235

图 13-236

（25）咖啡器具展示区域与上方的咖啡类产品展示的方式相同，只需要将上方的模块复制一份移动到下方，替换商品图片及文字信息即可，如图 13-237 所示。

图 13-237

13.4.5　品牌信息

（1）制作品牌信息模块。使用"横排文字工具"在下方输入文字，如图 13-238 所示。

扫一扫，看视频

图 13-238

（2）通过复制图层样式的方法，为文字图层添加"渐变叠加"图层样式。选择工具箱中的"移动工具"，勾选选项栏中的"自动选择"复选框，在"咖啡器具"4 个字上方单击选中这个图层。在"图层"面板中的所选图层的上方右击，执行"拷贝图层样式"命令，如图 13-239 所示。接着选择品牌故事图层，右击执行"粘贴图层样式"命令，快速为该图层添加"渐变叠加"图层样式，如图 13-240 所示。

图 13-239

图 13-240

（3）继续使用"横排文字工具"在标题文字的下方添加文字，并设置对齐方式为"居中对齐"，如图 13-241 所示。将图片素材 25.png 置入文档，放置在文字下方，如图 13-242 所示。

图 13-241

图 13-242

（4）选择工具箱中的"矩形工具"，在选项栏中设置绘制模式为"形状"，"填充"为黑色，"描边"为深褐色，描边粗细为 2 像素，绘制完成后在画面底部绘制一个矩形，如图 13-243 所示。

图 13-243

（5）选择该矩形，执行"图层"→"图层样式"→"外发光"命令，在"图层样式"对话框中设置"外发光"的"混合模式"为"正常"，"不透明度"为 35%，颜色为橘黄色，"方法"为"柔和"，"大小"为 25 像素，参数设置如图 13-244 所示。设置完成后单击"确定"按钮，效果如图 13-245 所示。

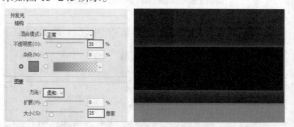

图 13-244   图 13-245

（6）使用"横排文字工具"在矩形的中央位置添加文字，复制品牌故事文字图层的图层样式，并粘贴到回到顶部图层上，效果如图 13-246 所示。至此，本案例制作完成。

图 13-246

中文版Photoshop 电商美工设计从入门到实战（全程视频版）（下册）